奶牛饲养
管理与疾病防治

NAINIU SIYANG GUANLI YU JIBING FANGZHI

杨泽霖　主编

中国科学技术出版社
·北　京·

图书在版编目（CIP）数据

奶牛饲养管理与疾病防治 / 杨泽霖主编 .—北京：
中国科学技术出版社，2017.8
ISBN 978-7-5046-7585-9

Ⅰ . ①奶… Ⅱ . ①杨… Ⅲ . ①乳牛—饲养管理②乳牛—牛病—防治
Ⅳ . ① S823.9 ②③ S858.23

中国版本图书馆 CIP 数据核字（2017）第 172717 号

策划编辑 乌日娜
责任编辑 乌日娜
装帧设计 杨　桃
责任印制 徐　飞

出　　版 中国科学技术出版社
发　　行 中国科学普及出版社发行部
地　　址 北京市海淀区中关村南大街 16 号
邮　　编 100081
发行电话 010-62173865
传　　真 010-62173081
网　　址 http://www.cspbooks.com.cn

开　　本 889mm × 1194mm　1/32
字　　数 151 千字
印　　张 6.5
版　　次 2017 年 8 月第 1 版
印　　次 2017 年 8 月第 1 次印刷
印　　刷 北京威远印刷有限公司
书　　号 ISBN 978-7-5046-7585-9 / S · 656
定　　价 24.00 元

本书编委会

主　编　杨泽霖

副主编　张　娜　杨　润　刘展生

编著者　徐　一　周荣柱　张　娜　赛　娜　孟君丽

李　佳　朱　林　雅　梅　张金松　杨泽霖

刘展生　柴士名　杨　润　刘公言　宋德荣

王明进　周大荣　彭　华　姚　燕　周少山

王忠霞　李　静　陈一峰　尉玉杰　于静静

策　划　徐绍英

序

《全国奶业发展规划（2016—2020年）》对我国奶业进行了新的概括和定位。奶业是健康中国、强壮民族不可或缺的产业，是食品安全的代表性产业，是农业现代化的标志性产业，也是一二三产业协调发展的战略产业。奶业的持续健康发展，对于改善居民膳食结构、增强国民体质、增加农牧民收入具有重要意义。

2008年以来，我国以保障乳品质量安全为核心，大力开展奶业整顿和振兴。经过近十年的持续发力，我国奶业养殖方式加快转变，产业素质大幅提升，现代奶业成效显著，奶业质量安全水平达到了历史最好时期，“种好草、养好牛、产好奶”已成为业界共识。

但也要看到，与奶业发达国家相比，我国建设现代化奶业仍面临不少困难和挑战。一是生产效率仍处于较低水平。我国奶牛单产水平、资源利用效率和劳动生产率仍有一定差距。其中，泌乳奶牛年均单产比欧美国家低30%；饲料转化率1.2，低0.2左右；规模牧场人均饲养奶牛40头，仅为欧美国家的一半。二是国际竞争力不强。受生产效率低和乳制品关税低的双重影响，我国乳品价格远高于进口乳品完税价格，乳制品进口量激增。 2015年乳品进口量是2008年的4.6倍。我国乳制品新增消费的80%被进口产品所占据。三是奶牛养殖粪便污染问题较为严重。近年来，奶牛标准化规模养殖不断推进，规模化水平、设施化装备水平和生产水平明显提高。但由于农牧结合不紧密，奶牛养殖带来的环境污染问题也日益加剧，成为影响奶牛养殖业持续发展的重要制约因素。

随着人口增长和消费升级，特别是全面两孩政策的实施，我国奶业也面临着前所未有的发展机遇。一是市场潜力巨大。目前我国人均奶类消费量仅为世界平均水平的1/3、发展中国家的1/2，奶类具有巨大的消费潜力。二是产业基础良好。经过多年国家严格监管和行业内涵式发展，现代奶业雏形已经形成，具备了全面振兴的基础和条件。三是国家对奶业发展极为重视。党中央、国务院对发展奶业做出了全面部署，五部门已印发了中长期发展规划，将从加强组织领导、完善法规标准体系、加大政策扶持和市场调控、强化科技支持与服务等方面补齐奶业发展短板，推进我国奶业加快振兴和发展。

本书作者从良种繁育、饲养管理、粪污处理和疫病防控4个方面入手，结合我国奶牛生产的实际情况，强调生产实际与理论知识相结合，深入浅出地讲解了现代奶牛生产中的实用技术。该书的奶牛饲养管理知识系统全面，可操作性强，语言通俗易懂。相信该书的出版发行对现代奶牛饲养管理、粪污处理、疫病防控等技术知识的普及推广将起到一定的促进作用。

全国畜牧总站站长

中国饲料工业协会秘书长

Contents 目录

第一章

高产奶牛品种及选择

一、高产奶牛品种

（一）荷斯坦牛

1. 品种简介　荷斯坦奶牛的全称是：荷斯坦—弗里生，其原产地为荷兰，也称为荷兰牛，因这种牛的被毛是黑白色的，所以也被称为黑白花奶牛。

荷斯坦奶牛原产地在荷兰北部海滨地区，这里因有广袤的草地、湖泊和优质的牛群而闻名于世。由于气候温和，雨量充沛，地势低湿，牧草丰盛，适合奶牛生长发育和生产，几百年来提供优质的乳制品滋养人们的身体，也造就了荷兰人令人羡慕的高大体型。黑白花奶牛是欧洲原牛的后代，已有2 000多年的历史。在15世纪就以产奶量高而举世闻名。由于荷斯坦奶牛产奶量高，世界各国都从荷兰引进该品种牛，并且不断选育提高，目前世界各地饲养的奶牛中80%~90%都是荷斯坦牛的后代。

2. 外貌特征　荷斯坦奶牛具有典型的乳用型牛的外貌特征，成年母牛侧望呈楔形，后躯较前躯发达；骨骼细而结实，肌肉不够丰满，皮薄而有弹性，被毛较短；乳腺发育好，乳静脉粗大而且较多弯曲，乳房特别庞大，发达且结构良好，多呈圆形；一般个体结构匀称，皮下脂肪少，被毛较细短；毛色特点为界限分明的黑白花片，额部多有白章，四肢下部、腹下和尾帚为白色（图1-1）。荷斯坦奶牛体格高大，成年公牛体重为900~1 200千克。成年母牛650~750千克；初生犊牛平均体重40~50千克。公牛体高145厘米，体斜长190厘米，胸围226厘米，管围23厘米；母牛体高135厘米，体斜长170厘米，胸围195厘米，管围19厘米。

公牛

母牛

图 1-1　荷斯坦牛

3. 生产性能　乳用型荷斯坦奶牛的泌乳性能为各奶牛品种之冠。母牛平均年产奶量为6~7吨，乳脂率3.6%~3.8%。荷斯坦奶牛繁殖性能良好，性成熟早，母牛15月龄开始配种，发情周期21天，妊娠期280~285天。

（二）中国黑白花奶牛

1. 品种简介　中国黑白花奶牛是荷斯坦奶牛与本地奶牛的高代杂种，经过长期选育而成。中国黑白花奶牛生产性能高，体质结实，外貌结构良好，适应性强，利用年限长，遗传性稳定，以产奶为主，且具有一定肉用性能。

2. 外貌特征　毛色为黑白相间、界限分明的花片，额中多有白章，腹下、四肢下部及尾端多为白色毛。体格健壮，结构匀称。头部较长略窄，颈薄且较长。体躯长、宽、深，背腰平直，腹大而不下垂。尻长、平、宽。胸宽、深，肋骨开张。乳房大，多为腺质，前伸后延，附着良好，乳头大小、长短适中，分布均匀，乳静脉粗大且弯曲。四肢健壮、结实、姿势端正。蹄形正，质地坚实（图1–2）。成年公牛平均体高为150.4厘米，胸围233.8厘米，体重1 020千克；成年母牛平均体高为133厘米，胸围197.2厘米，体重575千克。

图 1–2　中国黑白花奶牛

3. 生产性能　中国黑白花奶牛产奶性能较高，1个泌乳期产奶280~310天，产奶量在4.5~10吨，乳脂率3.5%。肉用价值高，淘汰母牛屠宰率49.7%，净肉率40.8%；营养良好的淘汰公牛，屠宰率可达58.1%，净肉率50.1%。

（三）娟 姗 牛

1. 品种简介　娟姗牛是英国古老的奶牛品种，因原产地为英吉利海峡南端的娟姗岛而得名。娟姗牛育成的历史悠久，广泛引入欧美各国。娟姗岛气候温和，雨量充沛，年平均温度10℃；岛上牧草茂盛，可终年放牧。由于娟姗岛自然环境条件适于发展奶牛，加之当地牧民的精心选育，而育成了性情温顺、体型小、举世闻名的高乳脂率奶牛品种。农民养牛仅在冬季补喂粗饲料，产奶牛增喂精饲料。

2. 外貌特征　娟姗牛毛色以褐色为主，个体间有深有浅，一般在腹下、四肢内侧、眼圈及口轮为淡毛色，而鼻镜、副蹄、尾帚呈黑色。有的牛肢端近似黑色，或者腹下、肢部有白斑。娟姗牛体质紧凑，骨骼细致，额部略凹陷，两眼突出，角中等大，呈琥珀色，而角尖呈黑色；颈细长，多皱纹，肉垂发达；中躯结合良好，结构匀称，后躯发育好；乳房形态好，质地柔软，乳头略小，乳静脉发达（图1-3）。娟姗牛体格小，成年公牛活重平均为650~700千克，母牛360~400千克；犊牛初生重23~27千克；成年母牛体高113.5厘米，体长133厘米，胸围154厘米。

图1-3 娟姗牛

3. 生产性能 一般日产奶量平均为3~3.6千克，娟姗牛的最大特点是乳质浓厚，乳脂率5%~7%，乳蛋白率3.7%~4.4%。娟姗牛奶中干物质含量为各种乳用品种之冠。这是娟姗牛的一个特点。娟姗牛的乳脂肪球大，易于分离，乳色黄，风味佳，其鲜奶及其乳制品甚受欢迎。娟姗牛性成熟早，一般15~16月龄即配种受胎，又因为其耐热性好，是热带、亚热带地区培育乳用牛的一个良好亲本。

（四）西门塔尔牛

1. 品种简介 西门塔尔牛具有良好的乳、肉、役三用性能的特点，原产于瑞士的阿尔卑斯山区及德、法、奥地利等地，由于中心产区在伯尔尼的西门河谷而得名。

2. 外貌特征 西门塔尔牛，体型大，前躯发达，中躯呈圆筒形，骨骼结实，肌肉发育良好，整个体型为长方形。皮厚而有弹性，被毛浓密。额及颈上毛多卷曲状。毛色为黄白花或淡红白花，但头、胸、腹下和尾帚多为白毛。头大，额宽，鼻长直，两眼距离较宽，角较细而向外上方弯曲，尖端稍向上。颈长而充实，肉垂发达，胸宽、深，肋骨开张，鬐甲宽圆，背宽、平、中等长，腰宽，肌肉丰满，尻长而平，四肢结实，大腿肌肉发达，蹄质坚硬。尾较粗，附着高，尾毛多。乳房发育中等，乳头粗大（图1–4）。成年公牛平均活重800~1 200千克，母牛平均活重600~750千克。

图1–4 西门塔尔牛

3. 生产性能　西门塔尔牛的标准泌乳期为270~305天，年平均泌乳量3 500~4 500千克，乳脂率3.64%~4.13%；西门塔尔牛产肉性能好，平均日增重0.8~1千克及以上；育肥后（公牛）屠宰率65%左右。成年母牛难产率2.8%左右。西门塔尔牛适应性强，耐粗放管理。西门塔尔牛是兼具乳用牛与肉用牛特点的典型品种。

（五）三河牛

1. 品种简介　三河牛是中国培育的乳肉兼用型品种，中国地理标志产品，产于内蒙古呼伦贝尔市大兴安岭西麓的额尔古纳右旗境内的三河（根河、得耳布河、哈布尔河）地区，并因此而得名。三河牛为多品种杂交后经选育而成，19世纪末，由当地蒙古牛与输入我国的西门塔尔牛等10多个乳用及乳肉兼用品种互相杂交，逐步育成了现今耐高寒、耐粗饲、易放牧、适应性强的乳肉兼用品种牛。

2. 外貌特征　三河牛体型大，体质粗壮结实。毛色以红（黄）白花较多，还有少量的灰白及其他杂色，头白色或有白斑，腹下、尾尖及四肢下部为白色毛。有角，角向上前方弯曲。体型结构多属于乳肉兼用型，头部清秀、颈细、长短适中，两侧多皱褶。肩部稍宽，背腰平直。胸部较深，体躯较长，肋骨扩张，腹大而不下垂，乳房发育中等。四肢健壮结实，蹄大而圆（图1–5）。平均活重：公牛1 050千克，母牛547.9千克；平均体高：公牛156.8厘米，母牛131.8厘米；平均初生重：公犊牛35.8千克，母犊牛31.2千克；6月龄平均体重：公牛178.9千克，母牛169.2千克。

图1–5 三河牛

3. 生产性能　三河牛的泌乳周期为270~300天，全泌乳期平均产奶量为2.5~3.5吨，乳脂率为4%左右。三河牛产肉性能良好，2~3岁公牛屠宰率可达50%~55%，净肉率44%~48%，肉质较好。

（六）短角牛

1. 品种简介　原产于英国英格兰东北部。因为是由当地土种长角牛经过改良而来，角较短小，故取其相对的名称而称为短角牛。该牛分为3个类型，一种类型是产奶为主的乳肉兼用型，第二种类型是以产肉为主的肉用型，第三种类型介于前两种类型之间为肉乳兼用型。

2. 外貌特征　短角牛是大型牛，整个体躯的宽度及深度发育良好，大多数体型呈矩形，毛色为暗红色或赤褐白斑，公牛颈部有卷曲的长毛为主要特征。我国饲养的短角牛，以暗红色较多。短角牛头短、额宽、角细呈半圆形；颈部粗厚，与胸部结合良好，肉垂发达，胸宽而深、胸骨突出于前肢前方。体躯长、深而宽，背腰和后躯宽阔平直。四肢较短，肢势端正。乳房大小适中（图1-6）。

3. 生产性能　短角牛是优良的兼用品种牛，成熟早，性情温顺，生产性能好。以乳用为主的乳肉兼用型短角牛，1个泌乳期平均产奶量4吨左右，乳脂率3.6%左右；同时，具有较高的育肥能力，一般去势育肥牛屠宰率在65%左右，胴体中肌肉占59%，1岁半牛经育肥后屠宰率可达72%。

图1-6　短角牛

（七）瑞士褐牛

1. 品种简介　瑞士褐牛原产于瑞士阿尔卑斯山区，属于乳肉兼用型品种。

2. 外貌特征　瑞士褐牛比西门塔尔牛体型稍小；全身毛色为褐色，由浅褐、浅灰褐、灰褐至深褐色，乳房及四肢内侧毛色淡，鼻、舌为黑色，在鼻镜四周有一浅色或白色带，角尖、尾尖及蹄为黑色。头宽短；额稍凹陷，角中等长，颈部短粗，肉垂不发达；胸深，背线平直，尻宽而平，尾根略显高；四肢粗壮结实，蹄质坚实；乳房匀称，发育良好（图1-7）。公牛平均体高146厘米，体长177厘米，胸围230厘米，

图1-7　瑞士褐牛

体重930千克；母牛平均体高135厘米，体长163厘米，胸围190厘米，体重600千克。

3. 生产性能　瑞士褐牛平均年产奶量4吨左右，乳脂率3.6%~3.9%。18月龄活重可达485千克，屠宰率50%~60%；犊牛日增重为0.85~1.15千克。瑞士褐牛的适应性强，遗传性稳定，被许多国家引进，除纯种繁育外，还用来改良当地牛，以提高其乳肉性能。

（八）草原红牛

1. 品种简介　草原红牛为乳肉兼用型，主要分布于吉林、辽宁、河北、内蒙古4个省、自治区。草原红牛是用我国的蒙古牛与短角牛杂交改良而育成的。牧民先后用短角牛对当地的蒙古牛进行杂交改良，将蒙古牛改良成产乳性能良好、体大肉多、适应性强的兼用牛。

2. 外貌特征　草原红牛的被毛多为紫红色或深红色，部分牛腹下、乳房部有白斑；角质蜡黄褐色；鼻镜、眼圈粉红色；多数牛有角且向前外方，呈倒“八”字形，略向内弯曲。肩、颈结合良好，背腰较平直，但也有不少凹腰的。后躯宽平，斜尻较多，胸宽深。四肢端正，全身结构匀称，肌肉丰满，乳房发育一般（图1–8）。体型中等大小，成年活重：公牛700~800千克，母牛450千克；初生重：公犊牛31.3千克，母犊牛29.6千克；成年牛体高：公牛137.3厘米，母牛124.2厘米。

图 1–8　草原红牛

3. 生产性能　草原红牛的泌乳期最多为200天左右，年泌乳量在1.5~2.5吨，乳脂率在3.7%~4%。产肉性能良好，平均屠宰率

50.8%~58.2%，净肉率41%~49.5%。繁殖性能良好，初情期多在18月龄。草原红牛适应性好，耐粗放管理，对严寒酷热的草场条件耐力强，且发病率很低。

二、高产奶牛选择

（一）高产奶牛品种

在人工驯养和长期的定向选择下，高产奶牛的生物学特征发生了很大的变化。

第一，从外形上看，野牛体型庞大，头部具有强有力的角，被毛密，乳房很小；而家牛在上述各方面变异很大，如体格一般不如野牛高大，角小而较短，被毛变短，毛色因选育方向而有了极大的变异，从全黑（如渤海黄牛）到全红（如秦川牛），甚至全白（如夏洛莱牛），黑白花片（荷斯坦）等。而与野牛迥然不同的是具有特别发达的乳房结构。

第二，家牛呈现繁殖早熟的现象，而且妊娠期也较短。家牛在中等以上饲养水平下，全年均可以发情，这些都较野牛有了极大变异。

第三，经过人工选择培育后的乳、肉用牛，其产奶量或产肉率已经达到相当高的水平，这些绝非其野生祖先所能具备的。

第四，家牛经过长期的人工驯化后，生理、习性已经发生了很大的变异。例如，适应恶劣自然地理条件生活的能力下降，抗病力减弱；而性情温顺，易于调教等则有利于人类的使用。

综上，根据人们的需求，对牛进行了定向的选择。将牛分成3个主要方向进行了选种选育。一是乳用牛，如荷斯坦（黑白花）奶牛，其高泌乳量的特征，使其成为奶牛饲养的首选；又如娟珊牛，其牛奶中高乳脂率的特征，更加适合做奶酪等。二是肉用牛，如安格斯、海福特牛等。三是乳肉兼用品种，如西门塔尔牛等。

（二）高产奶牛的特点

1. 高产奶牛的外貌特点　皮薄骨细，血管显露，被毛细短而有光泽，肌肉不甚发达，皮下脂肪沉积不多，胸、腹宽深，后躯和乳房十分发达，细致紧凑型表现明显。侧望、前望、上望均呈"楔"形。

2. 高产奶牛的乳房特点　一个发育良好的标准乳房，前乳房应向前延伸至腹部和腰角垂线之前，后乳房应向股间的后上方充分延伸，附着较高，使乳房充满于股间而突出于躯体的后方。由于结缔组织的良好支撑与联系，使整个乳房牢固地附着在两大腿之间而形成半圆形，4个乳区发育匀称，4个乳头大小、长短适中而呈圆柱状，乳头间相距很宽，底线平坦。具有薄而细致的皮肤，短而稀疏的细毛，弯曲而明显的乳静脉。

3. 高产奶牛的尻部特点　尻部与乳房的形状有密切关系，尻部宽长，两后肢间距离就宽，才能容纳庞大的乳房。高产奶牛的尻部要宽、长而平。髋、腰角与坐骨端的距离，以形成等腰三角形为上选。因为这样才能构成宽、长、平的尻部。

第二章 高产奶牛的运输

一、运输前的准备工作

（一）准备相关的手续

根据运输奶牛的数量、月龄和运输的里程等情况，与当地的交通、动物检疫部门洽谈运输事宜，办理相关手续。对长途运输的奶牛，按照国家规定在当地县级以上的动物防疫部门办理“产地检疫合格证”“乳用动物检疫合格证”“无疫区证明”和“运输车辆消毒证”，保证运输车辆一路畅通。需要注意的是，检疫证明一定要证物相符，否则视为无效证明。

（二）车辆的选择

根据运输奶牛的数量、月龄来选择运输车辆。车辆护栏高度不应低于1.8米。车辆在运输前应进行严格的消毒处理。车辆和司机要符合交通管理部门的相关规定，有相关的运输和营运手续，并与其签订合法的运输合同。

（三）路线的确定

提前规划运输行走的线路。线路的选择要尽量避开养牛集中的区域，控制疫病传染的风险。如涉及跨省运输，除应携带好相关证件，还要了解运输途中的水源和水质情况，联系并确定途中的饮水、饲喂地点。

（四）奶牛的准备

运输前，对奶牛进行健康检查，确保奶牛健康状况适合长途运输。技术人员在装运前1天要进行逐圈逐头检查，及时挑出患病或有外伤的个体。由于长途运输中，奶牛应激反应较大，免疫能力下降，因此在隔离场期间就应免疫注射相应的疫苗，确保奶牛能够抵御疫病的侵袭，并度过安全期后才能起运。

（五）常用药品的准备

奶牛在运输途中易出现应激反应和意外创伤等，应准备相关药品，如盐酸普鲁卡因青霉素、链霉素、安乃近、氨基比林、碘酊、过氧化氢溶液、酚磺乙胺等。另外，为了降低运输途中的应激反应，还应准备葡萄糖粉、口服补液盐、水溶性多种维生素等抗应激药物。

（六）饲草的准备

根据运输地（隔离场）的实际情况选用饲草，一般首选隔离场的牧草，其次选用当地质量较好的饲草。准备的草捆中严禁混有发霉变质的饲草。干草捆可放在车厢的顶部，用帆布或塑料布遮盖，防止途中被雨水浸湿变质。

（七）饮 用 水

每辆运输车要配备1根长15~20米的软水管，配发10个左右熟胶桶（普通的塑料桶或盆都易被牛踏坏或挤破），或用帆布做成软水槽固定在车厢一侧。另外，运输途中若经过水源缺乏的地区，可准

备能装100升水的大桶1个，当水源缺乏时应急使用。

（八）垫　料

奶牛在长途运输过程中会排出大量粪便，使车厢地板湿滑，易造成损伤。因此，在车厢底部应铺垫足够厚的防滑垫料，如河沙、干草、草垫等。

二、运输途中的工作

（一）出发时间

一般选择清晨或傍晚开始装车，在装车过程中如发现有外伤或有病的牛，还要及时剔除。奶牛上车后，要核对奶牛耳牌号和数量，并登记造册。在确认隔离场方、调牛方和承运司机三方签字无误后方可出隔离场。一般选择清晨或傍晚出发，尽量躲开高温时段，避免太阳长时间直射。另外，还要考虑到运达目的地的时间应是白天，以便于卸牛。

（二）车内容积

根据车身长短决定每车装载奶牛的数量，车长12米的可装未成年牛（体重300千克左右）20~25头。在实际操作中，有些车为了多赚运费要求多装奶牛，这是不可取的，一定要制止。

（三）适当休息、补给

根据具体情况，可将5~10车编为1个小组，每辆车配备2~3名司机，1名饲养员，每个小组配1名兽医。每个小组统一行程，相互协作，安排好奶牛的饮水、喂草和人员的食宿。车辆起步或停车时要缓慢、平稳，行车和转弯时要平稳匀速。每行驶2~3小时就要停车检查，以确保奶牛无异常情况。

（四）意外情况的应对

奶牛在运输过程中一般常见的病有牛前胃迟缓、乳房炎、流产等疾病，还有因路面不平或车起步、急刹车造成牛只滑倒扭伤。在运输过程中，饲养员要细心观察，协同合作。若发现有牛卧地时，千万不能对牛只粗暴的抽打、惊吓，紧急情况下可用木板、木棍或钢管将卧地牛隔开，避免其他牛只踩踏，再根据情况进行处理。如发现个别牛有攻击倾向时，饲养员要做好防护准备，应尽可能采取躲避措施，待牛情绪稳定下来，可用一些镇静药控制牛狂躁。由于时间、空间的限制，不允许很好地给病牛治病，因此只能采取简单易操作的肌内注射方式，以抗炎、解热、镇痛为原则，针对性地用药控制病情发展。抗炎药有盐酸普鲁卡因青霉素（油剂）、头孢霉素、链霉素。解热药有安乃近、氨基比林等。镇跛、镇痛药有镇跛宁、跛痛消等合成注射液。乳房炎用药有乳炎净、房炎一针灵。另外，在途中为降低应激反应，还可给每辆车备上葡萄糖粉、口服补液盐、水溶性多种维生素等抗应激药。如有外伤可准备碘酊、过氧化氢溶液涂抹，外伤流血不止的可注射酚磺乙胺、维生素K_3等止血药。对于受惊吓过度的牛可备一些静松灵、眠乃灵等镇静药。为防止应激造成的流产及生产运输抽搐症，可肌内注射盐酸氯丙嗪（1~1.5毫克/千克体重），具有良好的防护作用。在运输过程中，随行饲养员和兽医要特别注意临产的妊娠母牛，防止妊娠母牛难产而造成损失。如发生母牛在途中产犊，要及时做好初生犊牛的管护，让犊牛及时吃上初乳，用木板或木棒栅栏将犊牛和大牛隔开，防止犊牛被挤踏伤。

三、运输抵场后的工作

（一）到达目的地的消毒隔离

牛只运送到达目的地后，对车辆、牛只、技术人员进行全面

消毒。引进的奶牛不能立刻与原有的牛群混合饲养，不与原场牛群共用饲槽、饮水器或任何其他设备。按照防疫要求隔离45天后，应采血化验，确定无疫病后，才可以逐步混群饲养。如果引进了正处于泌乳期的奶牛，为避免因共用挤奶设备而造成与其他的奶牛交叉感染，应在其他奶牛挤奶结束后再对其进行挤奶。同时，需要注意的是，同车到达的技术员、兽医也不应与牛场的牛只、技术人员接触，防止发生疫病感染情况。

（二）饲草饲料的添加

奶牛经过一段时间的长途运输，进入牛场隔离场后比较疲惫，应及时补充饮水，观察牛群情况。半天后，开始少量饲喂青饲料，饲喂量不宜过大，不能马上添加精饲料。此期间如果有干草，可以饲喂干草为主，辅以少量青饲料，以后逐步过渡到饲喂青饲料为主。

第三章
奶牛场隔离免疫

一、新建奶牛场的防疫

牛场的位置应选择在距离饲料生产基地和放牧地较近，地势平坦，交通发达，供水、供电方便，无污染且未发生过传染病的地方。不要靠近交通要道与工厂、居民区，远离其他饲养场、屠宰场、牲畜产品加工厂、垃圾污水处理厂，以利于防疫和环境卫生。

牛场进、出口大门设置车辆消毒设施，行人进、出口设置行人消毒设施。牛舍及其周围环境保持整洁卫生，每天清扫牛舍、牛圈、牛床、饲槽、饮水设施等。牛粪便及时清扫出场并处理。夏季要做好防暑降温及消灭蚊蝇工作。冬季要做好防寒保温工作。

新进场的牛要根据规定的免疫程序按时预防接种疫苗，疫苗的种类、接种时间、剂量应按照免疫程序进行操作，并建立免疫档案。

二、混群奶牛的隔离免疫

（一）国外引进的奶牛

根据《中华人民共和国进出境动植物检疫法》，进口奶牛时必须按规定履行入境检疫手续。有关步骤如下。

1. 报检　在奶牛抵达口岸前，货主或其代理人须按规定向口岸检验检疫机关报检。

2. 现场检疫　进口奶牛抵达入境口岸时，由检疫人员进入运输工具现场检疫。对现场检疫合格的，口岸检验检疫机关出具相关单证，将入境奶牛调离到口岸检验检疫机关指定的场所做进一步全面的隔离检疫。

3. 隔离检疫　进境奶牛须在国家进出口质量检验检疫总局设立在北京、天津、上海、广州的进境动物隔离场进行隔离检疫。由于近年奶牛进口激增，国家还在天津、大连、青岛、北海等口岸建立了适应于隔离海运种牛的大型临时动物检疫场。在隔离检疫期间，口岸检验检疫机关负责对入境奶牛监督管理，货主或其代理人必须遵照检验检疫机关的规定派出专人负责饲养管理的全部工作。隔离期为45天。

4. 检疫放行和处理　检疫工作完毕后，口岸检验检疫机关对检疫合格的奶牛出具《动物检疫证书》和相关单证，准许入境。对检出患传染病、寄生虫病的奶牛，则按规定实施相关处理。

（二）跨省调入奶牛

调运前须到调入地动物防疫监督机构办理审批手续，不准在疫区购买牛只和饲料。新引进的牛只，必须持有输出地县级以上动物防疫监督机构出具的有效检疫证明。到达调入地后，须在当地动物防疫监督机构监督下，进行隔离观察饲养14天，确定健康后方可混群饲养。

第四章
奶牛场设计与建设

一、总体设计

奶牛场建设是创办产奶基地和繁育改良体系必不可少的一个重要环节。同时，奶牛标准化、规模化生产是我国奶牛养殖未来发展的趋势，也是现代农业的重要组成部分，故奶牛场建设时要按照标准化的要求进行施工。奶牛场的建设应遵循的原则有：一是选址科学、用地合法；二是有序规划、合理布局各个功能区，并为牛场未来发展预留空间；三是最大限度地创造适宜奶牛生存的舒适环境，符合动物卫生防疫和高产、优质、高效、生态、安全的发展要求。牛场建设始终以紧凑、整齐，提高土地利用率，节约基础设施建设投资，经济耐用，有利于生产管理和便于防疫，安全为目标。同时，要根据不同生产类型牛的饲养特点和不同地域的自然环境、气候条件，因地制宜地建设好牛场。它不仅对牛体健康和养牛生产有直接意义，而且对积攒有机肥料，为农业提供肥源，搞好卫生管理，消除环境污染都十分重要。

（一）场址选择

实现奶牛健康、高产、高效和可持续发展是现代奶牛养殖经营者追求的基本目标。为此，除了具有优良的奶牛品种、科学的饲养管理和疫病防治，还需对奶牛场进行科学的规划设计，从而为奶牛创造适宜的生活环境，保障奶牛生产的高效运行。因此，奶牛场址的选择要有周密的考虑、通盘的安排和比较长远的规划。首先，应符合本地区农牧业发展总体规划、土地利用发展规划、城乡建设发展规划和环境保护规划等大局的要求，遵守国家颁布的相关法律，如《中华人民共和国畜牧法》和《中华人民共和国动物防疫法》等法规要求进行奶牛养殖场的建设。其次，所选场址还要重点全方位考察当地的地形、地势、土质，水源、电源、饲料源，交通、通信，居民点、防疫、排水及气候等方面因素，从而进行统筹安排和长远规划。再次，所选场址应能适用于现代化奶牛养殖发展趋势的需要，要留有发展的余地。总之，奶牛场要修建在地势高燥、背风向阳、空气流通、土质坚实、地下水位低、排水良好、具有斜坡的开阔平坦地方，而且距离饲料生产基地和和放牧地较近、交通便利、供电方便的地方。

1. 地形、地势　奶牛场址选择时地形地势方面的要求有：一要按照国家现行的有关法律规定，应选距离居民区和交通主干道500米以上，附近无动物产品处理工厂（如屠宰场、肉联厂等），远离化工厂、高噪声的工厂和工业排污渠道且交通便利的地方。二要地势高燥，与河流保持一定距离，且要高于河岸；最高地下水位需在青贮窖底部1米以下，以便减少土壤毛细管水上升而造成的地面潮湿。三要地面平坦，有一定的坡度以便排水，坡度地面以1%~3%比较理想，最大坡度不应超过25%，且总坡度应与水流方向趋同。四要背风向阳，以保障场区内小气候温热状况相对稳定，减少冬、春季风雪的侵袭，尤其要避开西北方向的风口和长形谷地。平原沼泽一带的低洼地，空气流通不畅、潮湿阴冷，不利于牛体健康和正常生产作业，使牛场的使用年限缩短。高山山顶虽然地势高燥，但风力大，气温变化剧烈，且交通运输也不方便。因此，这类地方都不宜选作牛场的场址和修建牛舍。

2. 土质、土地　奶牛场的土质包括土壤透气性、透水性、吸湿性和抗压性等，这些因素直接或间接影响牛场的环境卫生和牛体健康。土壤以沙质土为好，具有透水性良好、持水性小，导热性小、热容量大、地温比较稳定的优点，易于保持场地干燥和牛体卫生。黏土不宜建场，因为它会造成积水、泥泞，致使牛体卫生差，容易发生腐蹄病等问题。

奶牛场一般要求具备无害化处理粪尿、污水的能力和排污条件，而奶牛场周边有效的土地种植面积决定了粪污的最终消化能力。通常情况下，一个存栏千头的奶牛场每年产生的粪污相当于100吨尿素、150吨过磷酸钙和110吨硫酸钾，每年需要200~333公顷土地进行消纳处理。

3. 水源、饲料源　水源充足、水质良好是维持奶牛场正常运转的必要条件，尤其是奶牛维持生命、健康和生产力的必要条件。一般情况下，100头奶牛每天的需水量，包括饮水及清洗用具、洗刷牛舍和牛体等，至少需要25~30吨水。水质应符合《无公害食品 畜禽饮用水水质》（NY 5027—2008）的要求。因此，牛场场址应选在水源充足、水质优良且没有污染源的地方，以保证常年供水，取用方便。同时，还要注意水中的微量元素成分与含量，尤其要避开被工业污染和微生物、寄生虫污染的水源。通常井水、泉水等地下水的水质较好，而溪、河、湖、塘等地面水，则应尽可能地经过净化处理后再用，并要保持水源周围的清洁卫生。

目前，奶牛饲喂多以青贮饲料为主，故而牛场选址时还要考虑周边是否具有丰富的青贮玉米或其他类似的饲料原料。一般平原地区青贮原料的辐射半径应在30千米以内，距离过远则运费过高，会增加饲养成本。

4. 场地面积　奶牛场的面积应根据饲养量的多少和长远规划来设计。年存栏1 000~1 500头的奶牛场，如采用散栏饲养，全混合日粮（TMR）思维，理想占地面积为10~12公顷，长宽之比为1.2∶1或方形场地为好（土地利用面积最高）。建筑系数为20%~25%，绿化

系数为30%~35%，道路系数为8%~10%，运动场地和其他用地系数为35%~40%。

5. 卫生防疫　奶牛场的饲料、产品等运输量较大，可能存在不少车辆和人员进出场区带来污染的问题。因此，出于防疫需要，场区一方面要求交通方便，另一方面又不能与交通干线距离过近，场区距离交通干线不小于500米；要尽量避开空气、水源和土壤污染严重的地区，距离农药厂、化工厂、造纸厂等有毒有害产物散播场区及其他畜牧场、兽医机构、畜禽屠宰场不小于2 000米；距离居民区不小于3 000米，且要考虑当地气象因素，如主风向和风力，一般应建在村镇和居民区的下风向。

（二）场区规划及原则

1. 场区规划　奶牛场区规划应本着因地制宜、合理布局、统筹安排、科学规划的原则。场区建筑物的配置应做到紧凑整齐、土地利用率高、上下水管道铺设合理、方便生产管理和防疫灭病，同时要强化防火意识。根据生产功能一般分为生活管理区、辅助生产区、生产区、治疗隔离区和废弃物处理区。

（1）生活管理区　办公室、职工宿舍和食堂等与生产经营有关的建筑。

（2）辅助生产区　饲料加工车间、饲料贮藏库房、青贮饲料窖（池）、青（黄）干草棚等与生产关联紧密的设施。

（3）生产区　泌乳牛舍、青年牛舍、育成牛舍、犊牛舍、干奶牛舍和产房、配套运动场和挤奶厅等设施。

（4）治疗隔离区　兽医室、病牛隔离舍和无害化处理设备等。

（5）废弃物处理区　贮粪池及粪污处理设备等。

2. 布局基本原则

（1）生活管理区　应位于全部场区的上风向，地势高于其他各区域，在此区域建立场区入口。这有利于保持该区域卫生环境，同时也避免来访人员直接进入生产区域。

（2）生产区 生产区是奶牛场的核心，位置居中便于与其他区域联系，风向和地势仅次于生活管理区。生产区要在风向和地势上处于较为有利的地位，尤其是犊牛培育场地。因为犊牛体质弱，容易染病。挤奶厅位置的设置要保证与各泌乳牛舍距离基本一致，一般为150米以内。

（3）辅助生产区 生产辅助区应该和生产区相邻，便于饲料供应。对于饲养规模较大的牛场，可以将生产辅助区的位置设置在相对合理的位置，以提高效率，减少机械运输的成本。饲料贮藏加工一般位于上风向较好，同时注意防火、防雨、防鼠、防雷电等。

（4）治疗隔离区 应尽量置于下风向、低地势的地域，相对封闭，防止病原体扩散。

（5）废弃物处理区 应处于地势最低的地域，避免雨季污水蔓延到场区。

各个区域之间要相对独立，有一定间隔。饲料饲草区和牛群活动区域之间应该有30~50米的间隔，牛舍之间相互间隔应在10米以上，粪便等污染物处理区域应该与其他区域有50米以上间隔（图4-1）。

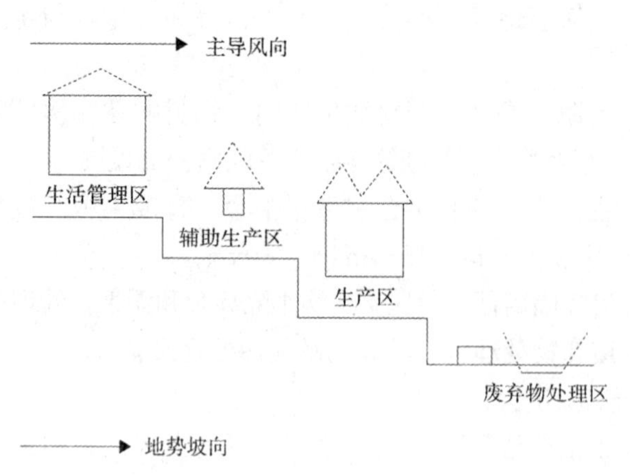

图 4-1　奶牛场区布局图

3. 牛舍　修建牛舍时，最好采取牛舍长轴平行建设，当牛舍超过4栋时，可采取两行并列平行前后对齐建设，牛舍之间相距10米左右。每栋牛舍内应设置牛奶处理室、工具室和值班室等。没有设置水塔和饲料调制间的小型牛场，还应在牛舍内设有水井、水箱（或贮水槽）及调料室。在场区四周、场区内道路两边及牛舍应进行绿化、美化，根据不同的位置可选择种植果树、樟树、丁香树或花椒树等，既可以遮阴防暑调节内部小气候，又可以防蚊虫和收获果实等。

4. 饲料加工车间　饲料加工车间位置要考虑全部牛舍的距离，主要考虑方便运输饲料。

5. 饲料库　要选择外部运输饲料可直接到达的位置，又要考虑与饲料加工车间连接便利的位置，便于运输和形成场区内部无缝链接而降低成本，同时也减少因机械运输的噪声对奶牛生产的干扰。

草棚应远离任何房舍50米以外，且在下风向。

青贮窖（池）可设在牛舍附近地势较高的位置，便于取用也防止污水倒灌进青贮窖（池）内。

奶牛场区建设如图4–2所示。

二、建设要求

（一）奶 牛 舍

修建牛舍要因地制宜、就地取材、讲求实用，力求以最低成本把牛舍盖得科学合理；既要从当前生产需要着想，又要从长远的发展考虑，根据当地的气候条件修建开放、半封闭或全封闭式牛舍，没有必要一概追求高大上，够用就好。

1. 牛舍类型　根据投资额度的大小、地势和气候差异、饲养

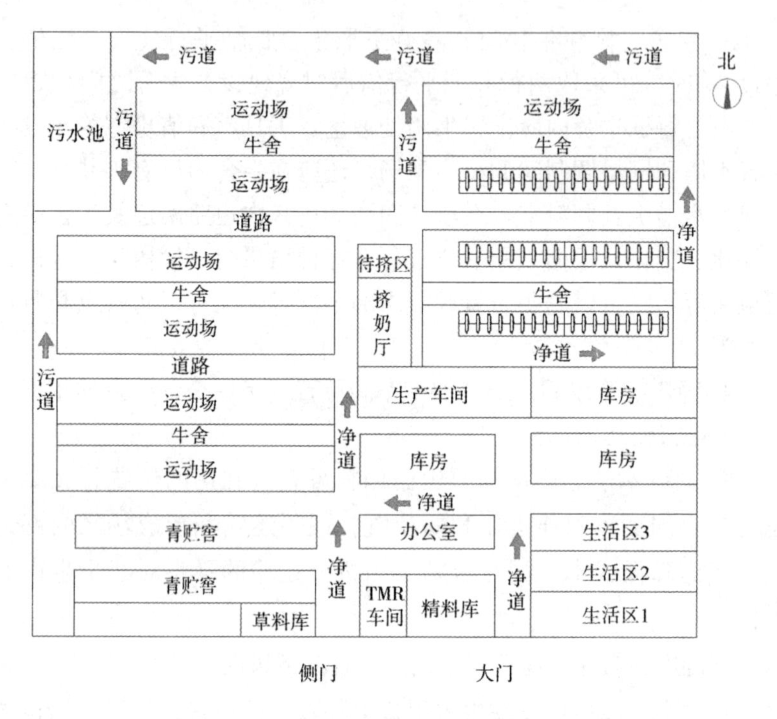

图 4-2　奶牛场区建设图例

方式不同等条件，按开放程度、屋顶结构和舍内排列方式等实施建设。

（1）按开放程度分类　牛舍可分为全开放式牛舍、单侧封闭的半开放式牛舍和全封闭式牛舍。

①全开放式牛舍　是指牛舍外围结构开放。这种牛舍适合没有恶劣气候的环境。其结构简单、施工方便、造价低廉，在我国中部和北方部分气候干燥的地区应用效果较好。在炎热潮湿的南方应用效果并不好。全开放式牛舍人为控制性不好，蚊蝇的防治效果也较差（图 4-3）。

图 4-3　全开放式牛舍

②半开放式牛舍　是指牛舍墙壁四周一侧或三侧封闭并加装窗户，这种牛舍夏季可通风降温，冬季可封闭保温比较适合南方地区。

图 4-4　半开放式牛舍

半开放式牛舍采取坐北朝南，北面封闭保证舍内冬暖夏凉。一般建设结构为跨度12米，长70米，总面积840米^2，棚顶高度5米，材料为砖混墙壁与地基、房梁是钢架结构，双层隔热彩钢板顶棚（表4-1，图4-4）。

表 4-1　半开放牛舍建筑参数

结　构	数　量	建筑参数（米）
门	3扇	3 × 3
通风窗	10扇	2 × 1.5
通风帽	10个	0.5 × 0.5
东西过道	3条	12 × 2
南北料道	1条	70 × 2.5

③全封闭式牛舍　在西北及东北地区应用广泛。冬天舍内可以保持在10℃以上，夏天可自然通风或通过降温设备降温（图4–5）。

图 4–5　全封闭式牛舍

（2）按屋顶结构分类　按屋顶结构不同，可分为钟楼式、半钟楼式、双坡式和单坡式等（图4–6）。

①钟楼式　通风良好，但构造比较复杂、耗材多、造价高。

②半钟楼式　较钟楼式简单，向阳面设窗，能获得较好的通风和采光效果。

③双坡式　造价相对较低，适用广泛。

④单坡式　构造成本低，主要用于家庭式小型牛场。

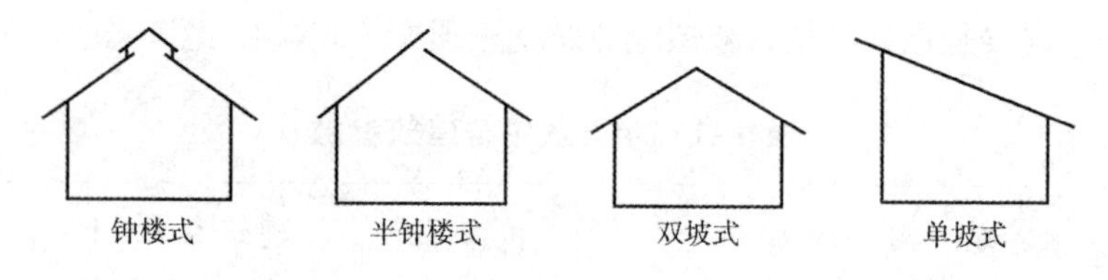

图 4–6　奶牛舍屋顶类型

（3）按奶牛在舍内排列的方式分类　可将牛舍分为单列式、双列式、三列式、四列式、六列式。

①单列式　单列式牛舍设计简单，舍内面积小，容易管理，一般适用于50 头以下的奶牛场。

②双列式　双列有两种方式，以牛舍长轴为中心可分为对尾式

和对头式。对头式两列中间为饲喂通道，两边各有1条除粪通道。这种排列方式的优点是便于奶牛出入、饲料运送、实现饲喂机械化及观察奶牛采食情况等；缺点是牛粪便较易污及墙面，给粪便清理带来不便。相反，对尾式中间为粪便清理通道，靠墙两边各有1条饲喂通道。这种排列方式的优点是便于挤奶、除粪；缺点是机械化饲喂相对受影响（图4-7）。

图 4-7　双列式奶牛舍（左对头式，右对尾式）

③三列式、四列式和六列式　多见于大型奶牛场散栏式饲养。所谓散栏式饲养，就是牛在不拴系、无颈枷、无固定床位的牛舍（棚）中自由采食、饮水和运动。到挤奶时间在人为管理下逐一进入挤奶厅集中挤奶，挤完奶自由返回牛舍。

散栏式牛舍的卧床相对松软干燥，并且能保证足够的采食和饮水空间，由于不受天气气候的影响，活动空间由奶牛自由调节密度，有利于保证奶牛生活空间的舒适度，降低牛群中乳房炎发病率。缺点是先期投资大，维护与管理成本相对较高。采取的列数设置可根据奶牛饲养数量而定（图4-8，表4-2）。

图 4-8　散栏式奶牛舍

表 4-2　散栏式奶牛舍参数

牛舍形式	牛舍跨度（米）	饲喂通道宽度（米）	奶牛占有牛舍宽度（米）	牛舍长度（米）	卧栏数（头）	正常奶牛数（头）	每头牛		
							面积（米^2）	采食空间（厘米）	饮水空间（厘米）
三列式	18.3	5	13.3	75	160	160	6.23	46.9	5.7
四列式	27.0	5	22.0	75	200	200	8.25	75.0	9.1

2. 基本要求　我国南北纬度跨度大，气候差异也相对较大，牛舍的建筑要求也不尽相同。南方气候湿热，夏季重点要防暑降温；北方冬季气温寒冷，牛舍建筑重点是要做好防寒工作；中部地区也要做好防寒、防暑工作。

牛舍建筑的基本原则如下。

（1）适宜的生产环境　奶牛属于全年连续性生产，牛舍位置的设置尽量做到冬暖夏凉。我国地处北纬20°~50°，太阳高度角冬季小、夏季大，为更好地利用阳光，牛舍建筑多采取以南向（即畜舍长轴与纬度平行）为好。冬季有利于太阳光照入舍内，提高舍温；夏季由于阳光照射角度较大，可避免因阳光照射引起舍内温度升高。由于地域的差异，也要综合考虑地形地貌、主风向及其他客观条件。牛舍朝向可因地制宜，向东或向西作15°左右的偏转。夏季炎热地区牛舍可适当向东偏转。从通风的角度说，夏季需要牛舍有良好的通风，牛舍纵轴与夏季主导风向角度应该大于45°，冬季要求冷空气尽可能少的侵入，牛舍纵轴与主导风向角度应该小于45°。

（2）隔热　主要是为了隔绝牛舍外热量向牛舍内部传播。牛舍外的热源主要是外界环境温度和外界热空气流动带来的对流热。其中，以阳光照射产生的辐射热最为重要。

①建筑材料的选择　牛舍的隔热效果主要取决于屋顶与外墙的隔热能力。牛舍棚顶常采用的土瓦、石棉瓦和水泥板，其隔热能力相对较低，需要在其下面设置隔热层。隔热层一般采用炉灰、锯

末、岩棉等填充材料。国内近年来有许多新建奶牛舍采用彩钢保温夹芯板作为屋顶和墙体材料，这种板材一般有上、下两层彩色钢板中间填充阻燃型聚苯乙烯泡沫塑料、岩棉、玻璃棉、聚氨酯等作为隔热材料的新型复合建筑材料。该类板材具有保温隔热、防火防水、外形美观、色泽艳丽、安装拆卸方便等特点。在北纬40°以上地区为更好保持牛舍内温度，还可以采取牛舍内顶部吊装隔层来提高牛舍的保温隔热能力。

②其他隔热措施　可在建筑物外墙壁粉刷成白色或浅色调，也可在牛舍周围种植高大阔叶树木遮阴，加大绿化面积，牛舍之间保证足够的间距等措施，均可有效地降低辐射热度。

（3）保温　在我国的寒冷地区牛舍建造还需要考虑冬季保温。在做好屋顶和墙体的隔热措施的基础上，还要注意牛舍内地面保温。保温地面结构自上而下通常由混凝土层、碎石填料层、隔潮层、保温层等构成。地面要耐磨、防滑，排水要良好。铺设橡胶床垫以及使用锯末等垫料，也能够起到保温的效果。

（4）防潮　在奶牛场常见乳房炎和蹄病，这与牛舍地面潮湿有关。为防止舍内地面潮湿，主要可以采取以下几种措施。

①建筑物结构防水　要防止屋顶雨（雪）水渗漏，以及地下水通过毛细管作用上移，导致墙体和地面潮湿。常用的防水材料有油毡、沥青、水泥平瓦等。在建造过程中增加在墙面、地面及各建筑物连接处使用防潮材料等。

②减少舍内潮湿的产生　正常情况下，牛舍中的潮湿气体主要来自于牛体本身，每天奶牛体本身产生的水汽量占畜舍总水汽量的60%~70%，来自于粪尿和冲洗所占的水汽占30%~40%。管理上要及时将粪尿清理到牛舍外面，同时也要减少牛舍冲洗次数等措施来尽量保持舍内干燥。

（5）通风　通风主要是为保证牛舍空气新鲜、降低湿度和温度。通风系统的设置原则如下。

①保证牛舍新鲜的空气　牛舍气体交换可以通过强制送风或自

然通风或两者相结合来实现舍内空气新鲜。

②灵活的控制方式　通风系统可以通过电风扇、风帘、窗户和通风门的启闭，实现对牛舍内、外环境变化的灵活控制。

③广泛的适应性　通风系统能够满足一年四季不同的变化，根据温度控制设备，对舍内、外空气进行强制交换，可以同时实现连续的低频率的舍内外温度与空气的交换，达到牛舍内降温、除湿目的。

3. 建设标准　目前，牛舍的式样、方位、水位、墙壁、地基、顶棚、屋檐、门窗、牛床、犊牛笼、尿沟、贮粪池等都有国家建设标准。牛舍建设时，应按这些既定的标准建设。

（1）式样　规模较小，家庭养牛在10头左右者，可修单坡式和单列式，养牛头数多的宜采用双坡式和双列式。

（2）方位　坐北朝南，稍偏东15°左右，有利于舍内冬暖夏凉；夏天可免阳光直射，冬天又能得到较多的阳光。

（3）水位　地下水位必须低，宜在3米以下，地势高，排水好，牛场内下雨不积水，融雪不存水。

（4）墙壁　要求坚固结实、抗震、防水、防火，具有良好的保温、隔热性能，便于清洗和消毒。墙厚可在50~75厘米，灌浆勾缝，距地面100厘米高以下要抹水泥墙裙。

（5）地基　坚固、具有足够的强度和稳定性，防止地面下沉和不均匀下陷，防止建筑物发生裂缝和倾斜；深80~100厘米，必须用水泥灌浆，地下部分与地上墙体之间要设有防潮层。

（6）地面　要求致密坚实、不硬不滑，易保温、有弹性，方便清洗、消毒。目前，牛舍大多采用水泥地面，具有坚实、导热性强、易清洗消毒的优点；但缺乏弹性，冬季保温性差，对奶牛乳房和肢蹄不利。

（7）顶棚　要求质轻坚固、防水、防火，保温、隔热，能够抵抗强风、暴雨雪等外力影响。距地面高350~400厘米，寒冷地区顶棚内的保温层厚度宜在50厘米以上，棚顶接缝四周封闭要严，防

止贼风侵入。

（8）屋檐　距地面300~350厘米。屋檐和顶棚过高不利保温，过低舍内空气容量小，在冬季通风条件不好的情况下有害气体浓度相对较高。

（9）窗　南窗规格100（宽）厘米×120（高）厘米，数量宜多，北窗规格80（宽）厘米×100（高）厘米，数量宜少。光照系数奶牛为1∶10~12。目前修建奶牛舍，有增加采光面积趋势，窗台距地面高120~140厘米。

（10）门　门宽200~250厘米，高200厘米。不设门槛，每栋至少应有两扇大门，最好不设北门，设置拉门方便开关。

（11）通气孔　大小规格单列式为70厘米×70厘米；双列式为90厘米×90厘米。通气孔应高于屋脊50厘米，常采用自动通气窗。

（12）牛床　奶牛舍应用水泥地面，便于冲洗消毒，地面要抹粗糙花纹，防止牛只滑倒。牛床长度为160~180厘米，宽度为100~120厘米；采取前高后低，坡度为1.5°。

（13）犊牛笼（保育栏）　长度为130厘米，宽度为100厘米，高为110厘米。

（14）颈链枷　长链（用于饲喂）长度为150厘米，短链（用于挤奶）为50厘米。

（15）尿沟和贮粪池　尿沟必须通畅，尿沟宽为28~30厘米，倾斜度1∶100~200，贮粪池设置在离牛舍5米之外，贮粪池的容积按每头成年牛0.3米^3、犊牛0.1米^{3}设计。

（16）通道　中间通道宽130~150厘米，两侧通道宽110~120厘米。

（17）饲槽　上宽60厘米，底宽50厘米，内缘高（靠牛床一侧）35厘米，外缘高40厘米。内缘中间有采食缺口一处，呈“半月”形，其宽度为30厘米，深度为18厘米。

4. 家庭式奶牛舍　以家庭的方式养奶牛，养殖规模比较小，一般在3~15头；需要人工比较少。这样的牛舍设计比较简单，建设用材也没有正规牛场建设那样要求严格，重在因陋就简、坚固耐用、经济节约（图4-9至图4-11）。

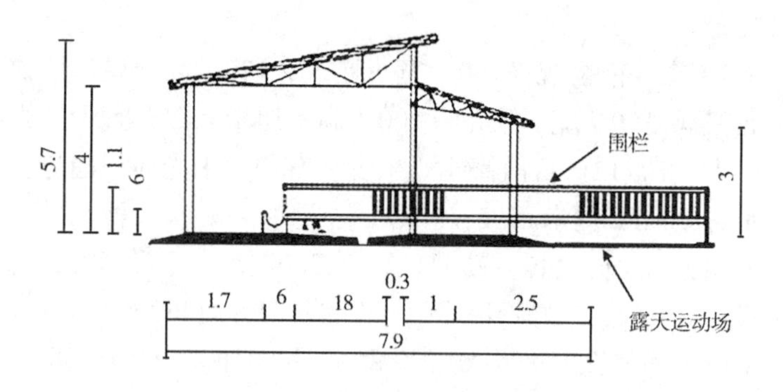

图 4-9 家庭式奶牛舍示意图一 （单位：米）

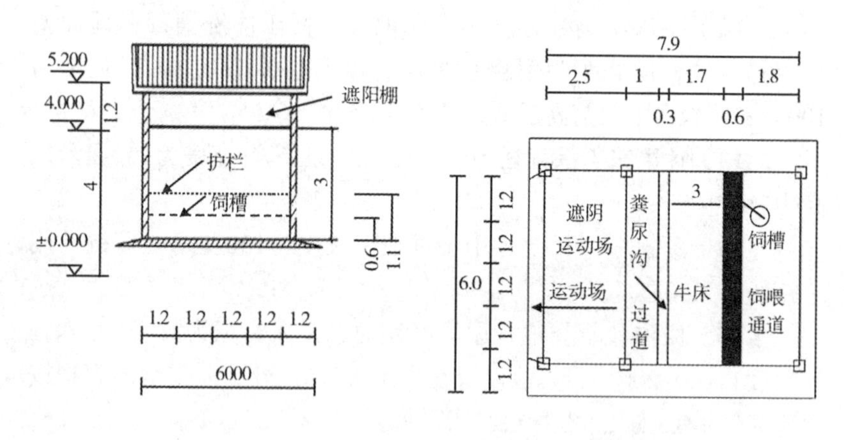

图 4-10 家庭式奶牛舍示意图二（单位：米）

图 4-11 家庭式奶牛舍示意图三（单位：米）

（1）牛舍建设位置 应在住宅下风向，相距5米以上，如果养牛户自家有水井，牛舍应建在水源井的下游。

（2）牛舍建设结构 以饲养产奶母牛5头为例。牛舍为单列开

放式，采用钢架结构或砖木结构。牛舍高5.2米，长6米，宽7.9米。

（3）运动场　运动场分为遮阴运动场与露天运动场，运动场可根据养牛户实际情况来调整，保证每头牛每天有1~2小时的运动时间，并保证奶牛每天充足的饮水。

（4）配套设施　养牛户如果有条件可配套修建贮粪池或沼气池等附属设施，以减少粪尿对环境的污染。

（二）挤奶区

挤奶区应建在养殖场（区）的上风处或中部侧面，距牛舍50~100米，有专用通道，不与场内外污道交叉。挤奶区包括挤奶厅、待挤区、设备室、贮奶间、休息室、办公室等。挤奶厅具备牛奶收集、贮存、冷却和运输等配套设备。

1. 设计要求

（1）挤奶厅容量　主要考虑挤奶环境的清洁和设备维护的时间与奶牛固定饲喂、饮水时间的衔接。可根据挤奶的次数和时间来确定挤奶厅容纳的奶牛数量，以不影响奶牛正常采食和饮水为佳。

（2）待挤区　待挤区需要考虑的最主要因素是降温和牛体清洗，要尽量减少奶牛在此区域的热应激和相互感染。待挤区每头奶牛需要的最小空间为1.35米^2。如果待挤区是非水冲式设计，则应增加25%的设计面积。

（3）返回夹道　挤奶厅一侧的返回夹道是奶牛挤奶后返回牛舍的通道，它的宽度对挤奶厅周转起着决定性作用。当牛数量少于15头时，则夹道净宽度0.92米就可以；如果在15头以上，那么返回夹道理想的净宽度应为1.5~1.8米。

（4）通道宽度的设计　牛舍到挤奶厅的通道宽度一般是根据牛群数量来决定的。一般情况下，小于150头的挤奶牛群通道宽度应设计为4.3米；挤奶牛群数量在150~250头时，通道宽度需要适度增加，一般5.5米比较合适；251~400头时可以增加为6.1米；牛群大

于400头时，通道宽度应达到7.3米。

2. 建筑形式 挤奶厅建筑形式主要考虑采用什么类型的挤奶设备，目前挤奶厅中的挤奶台常见的形式有横列式、串列式、侧进式、平面式、鱼骨式、并列式和转盘式。较大型的规模奶牛场常用的挤奶设备有鱼骨式、并列式、转盘式。转盘式挤奶设备的投资大约是同等规模的并列式设备的1.5倍以上，鱼骨式的设备价格相对便宜，但是运行效率相对低。综合各方面的因素，并列式挤奶厅设备价格适中、性价比较高。

（1）横列式 因挤奶栏位横向排列与牛舍栏位相似而得名。每个挤奶栏位占地面积约6米^2，挤奶员挤奶时需要弯腰操作，劳动强度大，效率不高。一般适用于小型奶牛场，新建的规模标准化奶牛场已不再使用（图4–12）。

（2）串列式 该类型挤奶台在挤奶栏位中间设有0.6~0.85米深的地沟，挤奶员挤奶时不用弯腰，既减轻了劳动强度，又提高了工作效率。每个挤奶栏位占地面积约5米^2，挤奶栏位不能过多。缺点是挤奶员行走距离较长，每个挤奶员最多只能操作一排4个牛位，可挤20~30头牛/小时，适合于百头以下的小型奶牛场（图4–13）。

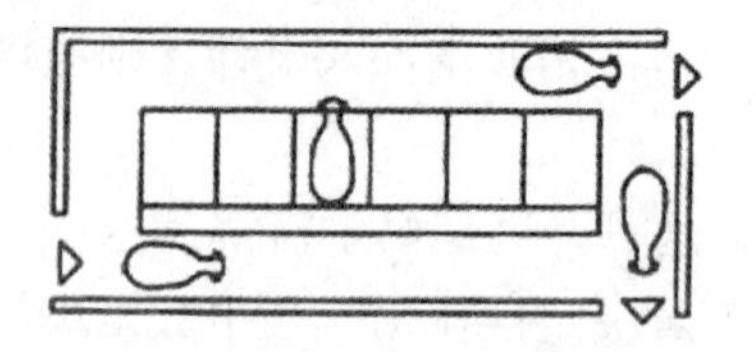

图 4–12 横列式挤奶台示意图

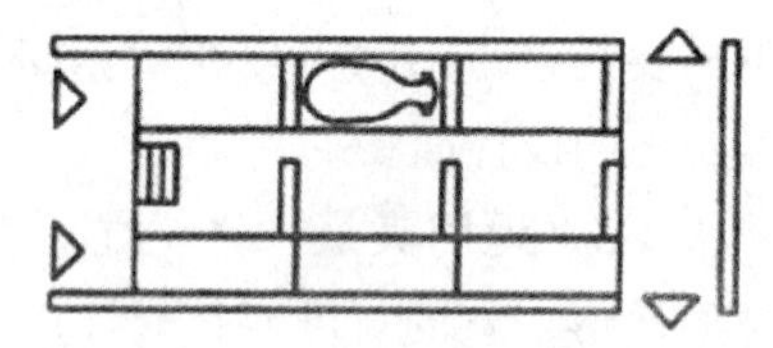

图 4–13 串列式挤奶台示意图

（3）侧进式 该类型挤奶台和通道平行地布置在地沟两侧，奶牛从每个挤奶台位的后侧门进入，前侧门出去，便于照顾高产奶牛。挤完奶的奶牛可以先行离开，不用等待其他牛集中离开。每个台位占地面积约8米^2，面积较大，且不利于挤奶员流水操作，工作效

率较低，只适合于小规模奶牛场（图4–14）。

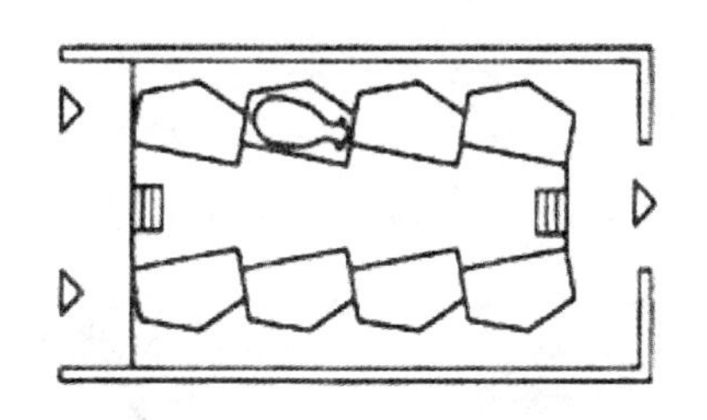

图 4–14　侧进式挤奶台示意图

（4）平面式　平面式挤奶台的挤奶栏位的排列与牛舍相似，奶牛从挤奶厅大门进入厅内的挤奶台里，由挤奶员经过对牛体清洁消毒后套上挤奶器进行挤奶。这种挤奶台的优点是造价较低，缺点是挤奶员劳动强度相对较大。这种挤奶厅一般只适于小型奶牛场（图4–15）。

（5）鱼骨式　鱼骨式挤奶台又称为斜列式挤奶台，它综合了横列式、串列式和侧进式3种挤奶台的优点，克服了相应的缺点，在我国奶牛场应用比较广泛。鱼骨式是以挤奶机排列形状犹如鱼骨而得名。这种挤奶台位一般按倾斜30°角设计，这样就使得奶牛的乳房部位更接近挤奶员，有利于挤奶操作，减少走动距离，提高劳动效率。同时，基建投资低于串联式，在生产上用得比较普遍。一般适于中等规模的奶牛场。鱼骨式挤奶厅棚高一般不低于2.45米，中间设有挤奶员操作的坑道。坑道深0.85~1.07米，宽2~2.3米，坑道长度与挤奶机栏位相适应（图4–16）。

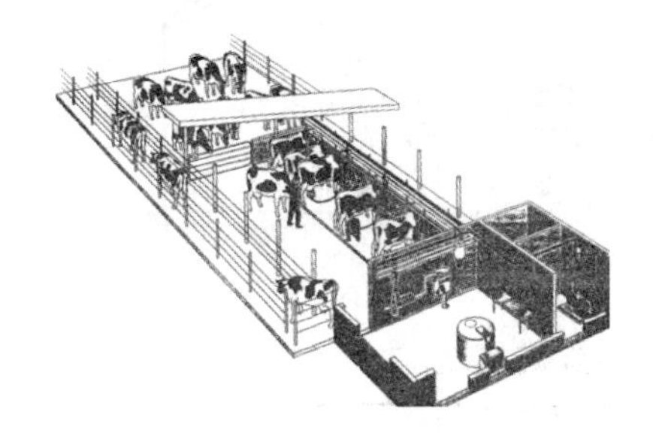

图 4–15　平面式挤奶厅示意图

图 4–16　鱼骨式挤奶台示意图

（6）并列式　该形式的挤奶台的特点是：一方面奶牛的站位和挤奶员的站立呈90°，挤奶点间距最小；方便挤奶员从奶牛的后

腿间挤奶，操作简单、安全，环境干净，挤奶员劳动强度相对小，但挤奶操作可视度相对差一些；另一方面缩短了挤奶时间，奶牛挤奶站位充分考虑了奶牛的舒适度，牛群进、出栏位舒畅，挤完奶后栏位前面的颈栏在4秒钟内全部抬起，挤奶台上的奶牛可快速放出，极大地提高了奶牛流动效率。同时，并列式挤奶台的长度比鱼骨式缩短40%，可有效节省土建投资，适用于大型奶牛场。挤奶厅棚高一般不低于2.2米，坑道深度为1~1.24米，宽为2.6米，坑道长度与挤奶机栏位相适应（图4–17，图4–18）。

图 4–17　并列式挤奶台示意图

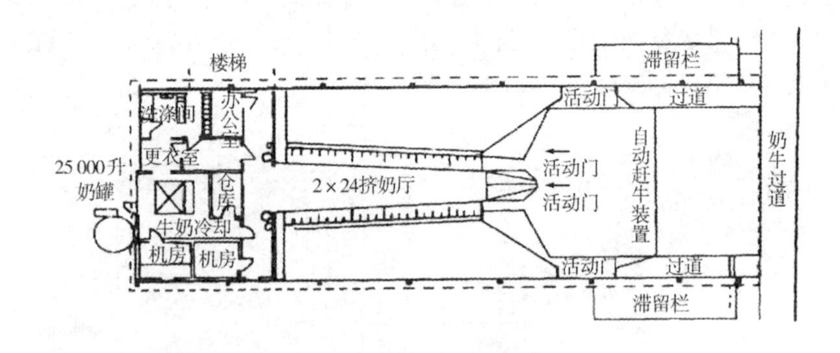

图 4–18　并列式 2×24 挤奶厅平面图

（7）转盘式　这种类型的挤奶台最大的特点是利用转动的环形挤奶台进行流水线操作，极大地提高了挤奶的工作效率。挤奶时，奶牛依次鱼贯进入挤奶台，挤奶人员分工进行冲洗奶牛乳房、套奶杯等流水操作，无须来回走动。挤奶台每转一圈需7~10分钟，每工时可挤奶牛50~80头，劳动效率高，挤奶栏位数可减少到挤奶牛群的5%~6%（图4-19）。

目前，常用的有鱼骨式转盘挤奶台和并列式转盘挤奶台，但设备造价都很高，只适合于大型奶牛场。

图 4-19 转盘式挤奶台示意图

3. 附属设施　挤奶厅应配备与挤奶栏相适应的附属设施，如待挤区、机房、牛奶制冷间等。这些设施的自动化程度应与挤奶设备的自动化程度相适应，否则将影响设备潜力的发挥，造成浪费。

（1）待挤区　在挤奶厅设置待挤区主要是为了提高挤奶台的运转效率，因为只有一批牛等在门外，才能提高设备的利用效率。此区域是将同一组挤奶的奶牛集中在一个空间内等待挤奶，较为先进的待挤区内还应配置有自动将牛赶向挤奶台集中的装置。待挤区常设计为长方形，且宽度不大于挤奶厅，面积按每头牛1.6米^{2}设计。奶牛在待挤区停留的时间一般以不超过30分钟为宜。同时，应避免在挤奶厅入口处设置死角、门、隔墙、台阶、斜坡等妨碍奶牛进出的设施。待挤区的地面要易清洗、防滑、浅色、环境明亮、通风良好，且有3%~5%的坡度（由低到高至挤奶厅入口）。

（2）滞留栏 奶牛如需进行修蹄、配种、治疗等，均需要将奶牛固定，在规模较大的奶牛场，大多在挤奶厅出口通往奶牛舍的通道旁设一滞留栏，其栏门由挤奶员控制。在挤奶过程中，如发现有需进行治疗或需进行配种的奶牛，则在奶牛离开挤奶台走进滞留栏时，将栏门开放，挡住返回牛舍的走道，将奶牛导入滞留栏。目前，最为先进的挤奶台配有奶牛电脑控制的自动分隔门，在奶牛离开挤奶台时，自动识别门转换栏门，将奶牛导入滞留栏，进行修蹄、配种、治疗等。

（3）附属用房 在挤奶台旁通常设有机房、牛奶制冷间、更衣室、卫生间等。

（三）运动场

运动场是奶牛运动、休息和乘凉自由活动的场所。通过运动促进牛的新陈代谢，提高抗病力，增加泌乳量。舍饲奶牛，一般每日约有2/3的时间在运动场活动。运动场不但是奶牛户外活动和起卧的主要场地，而且也是奶牛四肢关节、乳房和蹄部摩擦机会较多的重要生活环境。

1. 设计要求

（1）面积 应保证牛自由运动、休息，节约用地，不拥挤。运动场面积一般为牛舍面积的3~4倍，按照成年奶牛每头15~20米^2，后备牛每头10~15米^2，犊牛每头10米^{2}计算。运动场可设在牛舍的南侧，也可设在牛舍的北侧，面积较大时可分隔为两块，便于日常管理（图4–20）。

图 4–20 奶牛运动场

（2）地面 简易的运动场地面一般为夯实泥土，中间高四周略低，持续雨天会影响使用；水泥运动场的造价高，容易对牛膝关节和蹄部造成损伤；黏土砖运动场造价相对低，不容易积水，对牛膝关节和蹄部损伤相对较轻。运动场地面应清洗方便，干净卫生。从实际使用情况看，没有发现对牛膝关节和蹄部有损伤的现象。夯实的运动场地面要求平坦、干燥，有一定的坡度，中央高四周低，易排水，周围应设排水沟。

（3）围栏 围栏是用木杆或钢管组成，也有的奶牛场设置电围栏。围栏必须坚固，横栏高1~1.2米，栏柱间距1.5米。围栏门可以设置成平开式或推拉式。

（4）凉棚 在炎热的夏季，特别是长江以南的地区，在运动场中央最好搭建凉棚，有利于奶牛夏季防暑。凉棚长轴应东西向，并采用隔热性能好的材料做棚顶。为减轻棚顶下面辐射热对牛的影响，增加棚顶的对流散热，棚顶越高越好，一般在3.5米或略高一点。凉棚面积一般按每头成年奶牛4~5米^2，青年牛、育成牛3~4米^{2}计算。凉棚内地面要用三合土夯实，地面经常保持20~30厘米沙土垫层为宜，另外也可在运动场四周种植阔叶乔木，增加奶牛乘凉面积和营造运动场的小环境。

（5）水槽和补饲槽 补饲槽和饮水槽一般设置在运动场边缘靠近场内通道边的围栏旁，槽长3~4米，上宽50厘米，槽底宽40厘米，槽高40~70厘米。每15~20头应有1个饮水槽位，也可以采取自动饮水设施，供奶牛自由饮水。水槽两侧应为混凝土或石子硬化地面。

2. 牛舍改造 奶牛场可根据实际情况对凉棚和牛舍进行改造，以补充运动场的不足。

（1）利用运动场中的凉棚，修建奶牛自由卧栏 凉棚宽度大于6米的，可选用对头式奶牛双卧栏形式，可以充分利用凉棚建筑面积，同时可以较好地解决奶牛休息的问题（图4–21）。

（2）开放棚式牛舍 通过延长屋檐，修建奶牛自由卧栏。一侧牛舍的屋檐一般需要延长3米左右，采用单卧栏形式，这样可以基本满足奶牛的休息问题（图4–22）。

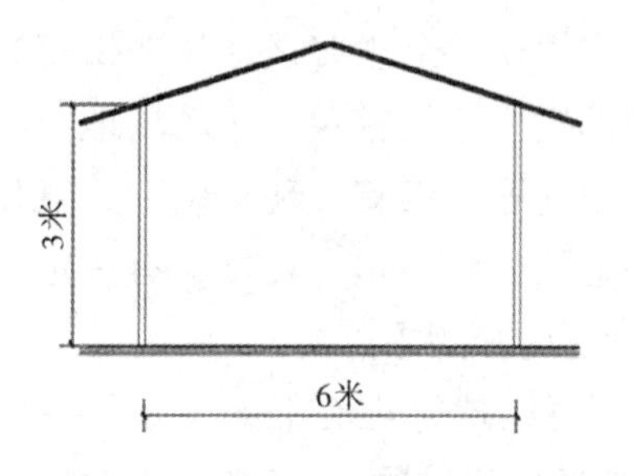

图 4-21　运动场凉棚结构（一）

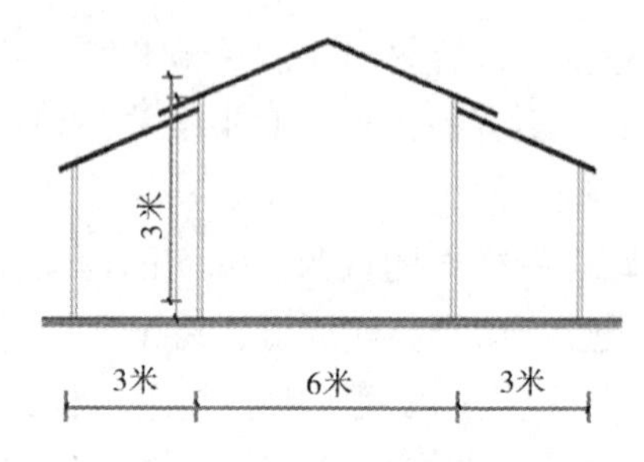

图 4-22　运动场凉棚结构（二）

（四）青贮窖

青贮窖是用来制作青贮饲料的设施，奶牛场青贮窖建设需要考虑青贮窖的位置、青贮窖的建筑形式、青贮窖的建筑面积、青贮窖的宽度、青贮窖的墙体、青贮窖排水设计及供电设计等。

1. 设计要求

（1）地址　青贮窖应建在离牛舍相对较近的地方，地势要高燥、易排水，远离水源和粪坑，切忌在低洼处或树荫下建窖，以防漏水、漏气和倒塌。

（2）规格　可根据实际情况设计青贮窖规格。参考数值为小型宽2~4米，深2~3米，长3~15米；大型窖宽10~15米，深3~3.5米，长30~50米。

（3）建窖　青贮是奶牛常年必备的饲料，最好选择砖石结构建成永久性窖，四角要修成弧形，便于青贮饲料下沉，有利排除残留空气，防止青贮饲料发霉变质。

（4）容积　青贮窖的容积大小按牛群需用量加上20%的损失来定。一般高产牛1年贮备量为10~12.5吨/头。一般青贮饲料每500千克体积约为1米^3，如按每头牛每年需用青贮饲料6 000千克计算，则需建12米^{3}容积的青贮窖。

（5）墙体　采用砖石结构或混凝土浇筑，墙面要求平整光滑。墙体上宽下窄呈倒梯形，在青饲储备时碾压青贮时有利于压

得更加严实。随着青贮在窖内不断发酵整体会有下沉，所以青贮原料在窖压实高度要高于墙体，青贮原料压实好后要覆盖塑料膜，塑料膜上要覆盖并厚土压实防止空气和雨水渗透到窖中，造成青贮饲料腐败发霉。

2. 建筑形式　青贮窖建筑形式主要有3种：地下式、半地下式和地上式。前两种形式的优点是建设投资相对较少，方便青贮饲料填装，缺点是不易排水，防雨效果差，人工取料相对费力；规模化奶牛场的青贮窖建筑，由于贮备数量大，大多采用地上建筑形式。这种形式不仅有利于排水，也有利于大型机械作业。建筑形式一般采用长方形槽状，三面为墙体一面敞开，数个青贮窖连体，建筑结构既简单又耐用，并节省用地（图4–23，图4–24）。

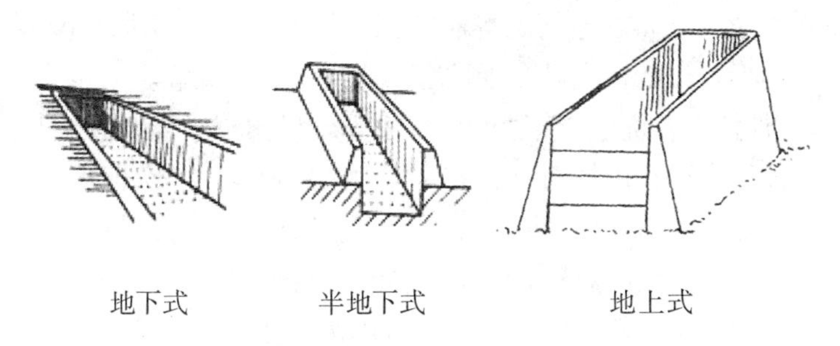

图 4–23　青贮窖设计示意图

图 4–24　规模奶牛场地上式青贮窖

3. 附属设施

（1）排水 为防止雨水向窖内倒灌，青贮窖窖口地面要高于外面地面10厘米以上为宜；窖内从里向窖口做0.5%~1%坡度，便于窖内挤压液体排出，同时也起到防雨水倒流浸泡；青贮窖口要有收水井，通过地下管道将收集的雨水等排出场区，防止窖内液体和雨水任意排放。如青贮窖体较长，收水井可设在青贮窖中央，然后由窖口和窖内端头向中央收水井放坡，坡度为0.5%~1%，中央的收水井通过地下管道连通，然后集中排出。

（2）供电 奶牛场供电要采用动力电源，主要用于青饲切碎机加工青饲。在铺设输电线路时要根据年度生产计划、年度青贮储备总量、制作加工时间、每天收贮数量、设备每小时加工能力和设备投入数量、设备耗电情况等制定用电计划。供电采用地下电缆，连接配电柜，配电柜应设在青贮窖口靠近墙体的位置。

4. 小型养牛场青贮窖建设 小型养牛场比较适合建造地上式青贮窖，该种青贮窖用料简单、容易搭建、贮量少、保存期短。

选择干燥、平坦的地方，最好是水泥地面，四周垒上矮墙，底部和四周用塑料薄膜盖严密，防止渗漏雨水等。一般青贮堆高1.5~2米，宽1.5~2米，长3~5米。顶部先用塑料布封闭盖严，上面用泥土或重物压紧压实（图4-25）。

图 4-25 小型养牛场地上式青贮窖

（五）粪污处置

为了给奶牛创造一个最佳的生活环境，一定要对场内粪便进行处理。粪污处理要遵照以下原则：奶牛场的排水系统应施行雨水和污水的收集运送系统分开，在场区内外设置的污水收集运送系统，应采取暗沟（管道）铺设；新建、改建、扩建的奶牛场应采用干法清粪方法，要做到日产日清；粪便贮存处理设备要远离各类地表水体（距离不得小于500米），应设在奶牛场生产及管理区终年主导风向的下风向或侧风向处；粪污处理贮存设施应采用有效的防渗处置技术，防止粪便渗透污染地下水体。贮存设施应设置顶盖防雨（水）进入，还要防止粪水溢出。牛粪既是首要的固体污染物，又是一种资源，应遵照减量化、无害化、资源化的原则进行处置。例如，制作有机肥料和沼气（沼渣、沼液），既可减少奶牛场对环境的环境污染，又可成为肥料和新能源的原料。奶牛场要严格执行《畜禽养殖业污染物排放标准》，防止废弃物的排放对环境造成污染（图4–26）。

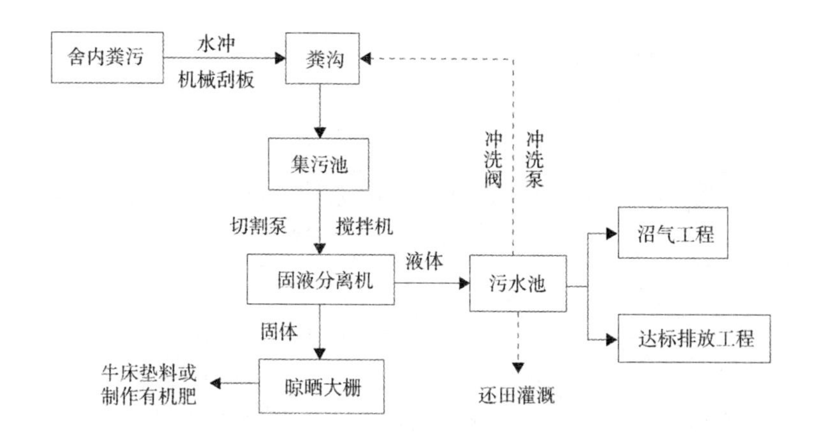

图 4–26　粪污处理工艺流程

（六）病牛隔离区

奶牛场要在生产区的下风向设立单独的病牛隔离舍，并与生产区保持100米以上的距离。隔离舍的牛床可按对尾布置，且比普通的牛床长且宽，方便病牛躺卧和疾病治疗。病牛床的数量应按照整个牛群数量的2%~5%来设置。

第五章 奶牛的饲养管理

一、犊牛饲养管理

犊牛是指从出生到6月龄的小牛。该阶段的犊牛生长发育迅速，对营养和管理要求比较高，如饲养管理不当，会导致今后生长发育受阻，对体型、健康及生产性能均可产生不利的影响。

（一）初生犊牛饲养管理

1. 为新生犊牛清除黏液　犊牛出生后，首先应该清除口、鼻中的黏液，防止阻碍呼吸。然后擦拭干净身体上的黏液，防止犊牛着凉。

2. 断脐带　犊牛的脐带一般情况下可自行断开，如发现脐带未自行断开，可用经消毒的剪刀在距离犊牛腹部10~20厘米处剪断，同时为脐带断口消毒，以免发生感染。

3. 饲喂初乳　初乳是母牛生下犊牛后7天内所分泌的乳汁。初乳和常乳相比，含有较多的干物质和较高的蛋白质，尤其是免疫球蛋白、矿物质和维生素，这些物质对犊牛免疫和胎便的排出，具有极好的促进作用。所以，犊牛出生后1小时内要让其吃到初乳。如果母牛由于某些原因造成犊牛吃不到初乳或乳汁不足，则需用人工乳代替。

（二）哺乳期犊牛饲养管理

乳用犊牛一般采用早期断奶、人工哺育的方式，这样便于犊牛的管理和母牛的挤奶。

1. 代乳料的饲喂方法 代乳料是根据犊牛的营养需求用精饲料配置而成。代乳料的作用是促进犊牛由以奶为主的营养向完全采食植物性饲料过渡。早期使用代乳料，可促进犊牛瘤胃的早期发育，提高犊牛断奶体重和断奶后的增重速度，促进正常的生长发育。

代乳料的形态为粉状或颗粒状，从犊牛出生后第二周使用，任其采食至30日龄，当犊牛可日采食1千克代乳料时即可给犊牛断奶。

2. 犊牛健康管理 建立稳定的饲喂制度。犊牛饮用的鲜奶品质要好，凡是患有结核、布鲁氏菌病、乳房炎的奶牛所产鲜奶不能饲喂犊牛。犊牛饲喂要做到定时、定量、定温、定人，这样能使犊牛的消化器官形成规律性反射。

除了做好犊牛去角、剪除副乳头、编号、登记记录等管理外，还应供给犊牛充足的饮用水，适当的户外运动以增强体质。另外，经常刷拭牛体可促进血液循环、呼吸和皮肤代谢，防止寄生虫寄生。每次用完的奶具、补料槽、饮水槽等一定要洗刷干净，保持清洁。

（三）断奶期犊牛的饲养管理

1. 断奶期犊牛的饲养 犊牛早期断奶，可促进瘤胃发育，使瘤胃壁变厚，纤毛变硬。尽早训练其采食粗饲料和精饲料，不仅不会影响犊牛的生长发育，还可大量节约鲜奶，降低培育成本，提高犊牛的成活率，降低死亡率，减少损失，为以后大量采食混合饲料做好准备。在断奶过程中，逐渐减少每日鲜奶饲喂量，直至停喂。这

时要增加其对开食料的摄入量和优质青干草的采食量，逐渐将开食料转为普通精饲料。

2. 断奶期犊牛管理　把握好早期断奶时间（可根据开食料采食量确定，同时参考月龄及犊牛体质情况），断奶后，犊牛混群，饲喂干草及精料补充料。

二、育成牛的饲养管理

犊牛期（6月龄）后至第一次配种受胎前的这一阶段为育成牛阶段。育成牛与成年母牛相比，这一阶段不产奶，但饲养成本相对较高；由于这一阶段的饲养管理水平直接影响到成年后的体型、体重、乳腺发育，影响其终身泌乳性能，因此要加强育成牛阶段的饲养管理。

（一）育成牛生长发育特点

奶牛在育成期体重增加较快。从断奶至性成熟体长变化大，体躯宽深及胸围、腹围变化最大。牛的生长发育速度受营养水平的影响很大，同时不同的品种和个体之间也有差异。

育成期的体重增加并不是直线的。一般早期断奶犊牛或早期成长发育受阻的犊牛，应考虑在育成期进行补偿性（增加营养）促进生长。

（二）繁殖功能的变化

奶牛在育成期要经历性成熟和体成熟两个阶段。母牛生殖器官的生长和体躯生长同步，尤其是在6月龄前后，生殖器官生长速度加快，逐渐生长到性成熟阶段（初情期）。

在初情期出现后，奶牛发情如伴有排卵则可受精妊娠。但此时即刻配种则母牛体格较小，难产率高，同时初产的产奶量也低，母牛性成熟并不意味着适合配种妊娠。所以，在生产实际中要避免过

早配种。

奶牛的体成熟是在初情期后，此时的骨骼、各个器官已基本发育成熟，并具备了成年牛固有的外形结构。一般决定配种适合期的主要是当时奶牛的体重，当育成牛体重达到成年母牛体重的70%左右时，可考虑配种妊娠。配种适合期也受品种、营养和气候等多种因素影响。过早配种会影响母牛自身发育，过晚配种则会增加育成期的成本，产奶总量也会降低。

（三）发情配种

母牛在达到适配体重后，应随时注意观察母牛的发情情况，一般发情持续期10~21小时，平均15小时，发情周期18~24天，平均20天。

在做直肠检查时，育成牛的卵巢较成母牛的小，多位于耻骨前缘之后，骨盆内；经产母牛的卵巢则往往位于耻骨前缘的前下方，腹腔内。育成牛的子宫颈较紧，在人工输精时，插入输精枪时要小心谨慎。

三、成年牛饲养管理

（一）产奶牛饲养管理

产奶期是指母牛产下牛犊之后到干奶前的一段时期，也可称为泌乳期。这一时期饲养管理的好坏影响着奶牛场的经济效益，并且对奶牛的繁殖性能影响也非常大。因此，做好这一时期的饲养管理是关系到奶牛场持续发展的大事。

1. 产奶牛饲养　产奶牛饲养可分为4个阶段的饲养，分别为产奶前期、产奶旺盛期、产奶中期、产奶后（末）期的饲养。要按照奶牛在各个阶段的生理特性进行科学饲养。

（1）产奶前期　奶牛产犊后的2周称为产奶前期。此时母牛

处于分娩初期，体质较虚弱，消化功能有所减退，产道尚未复原，乳房还有水肿。故产奶前期应以恢复母牛健康为主，不可过早催奶，防止大量挤奶对其健康带来不利影响，防止产后疾病的发生。

在母牛产分娩后，应将母牛驱赶使其站立，以防子宫外脱。为使母牛体力恢复、胎衣排出、子宫恢复，可使母牛饮用10~20千克含盐和钙的温热麸皮汤。麸皮汤的配制方法：麸皮500克，碳酸钙50克，食盐50克，兑入适量温水并拌均匀。按照1次/天的频率饮用益母草红糖水，连续服用2~3天。益母草红糖水的配制方法：益母草250克磨成粉，水1.5升，煎成水剂，加入红糖1千克，水3升，混合均匀。益母草红糖水的最佳饮用温度为 40℃~50℃。

分娩后1~4天，不要将乳房中的乳汁挤净。一般分娩第一天，每次挤出约2千克牛奶，第二天挤日产奶量1/2以下，第三天挤2/3以下，第四天挤出3/4或根据情况将奶全部挤出。分娩3天内的母牛，最好喂些优质蛋白饲料、干草和少量麸皮，控制喂精饲料和多汁饲料。分娩后3~4天，日粮中可适当增加青草、胡萝卜、青贮饲料等，以后视乳房恢复情况再酌情增加。分娩4~5天，每天精饲料喂量0.5~1千克，以后每2~3天，增喂精饲料0.5~1千克。增量不要过急，待母牛的乳房水肿完全消失，再按泌乳期营养标准饲喂。在逐渐加料过程中，要随时注意乳房变化及消化情况，若加料后发现乳房变硬、食欲不振、粪便稀薄或便秘、粪有恶臭等现象，都应减料。若产犊后乳房没有水肿，体质健康，当天便可适当喂些多汁饲料和精饲料。8~10天后便可按泌乳期营养标准饲喂，根据母牛乳房状况和食欲适当增加精饲料饲喂量。如果母牛出现乳房水肿或消化不良的情况，应减少精饲料饲喂量。同时，应控制好根茎饲料及青绿饲料的喂养，自由采食干草。

（2）产奶旺盛期　母牛分娩后的16~100天被称为产奶旺盛期。这一阶段母牛体质不断增强，乳腺分泌功能日益旺盛，产奶量逐渐增加，产奶量可占全期产奶量的40%~50%，饲养管理不到位会严重影响母牛的产奶性能和整个产奶期的产奶量。

此期要限制饲喂低能量的饲料，补充高蛋白、高能量的饲料。通常情况下，日粮干物质中应含有16%~18%的粗蛋白质、0.7%的钙、0.45%的磷，精饲料与粗饲料各占一半比例。如果饲料中精饲料过多会造成母牛瘤胃pH值偏低，胃酸过多，对母牛造成不利影响。为平衡瘤胃pH值，在饲料中添加碳酸氢钠和氧化镁缓冲剂。

在条件支持的情况下，可对高产奶牛采用引导饲养法，喂给高水平的能量，减少酮血症的发生。产奶量大相应喂料也要增多，多喂精饲料，适量粗饲料。具体做法是：从分娩前2周开始，饲喂精饲料1.8千克/天，以后逐渐增加，每天增加0.5千克，直至每100千克饲料中含有1~1.5千克精饲料。达到高峰期后，精饲料量应随之固定，等高峰期过后，根据乳脂率、产奶量、母牛体重等状况适当调整精饲料饲喂量。在引导饲养期内，粗饲料要保证足量、优质，让母牛自由食用，并保持饮水充足，减少母牛消化道疾病发生。引导饲养法可以让高产奶牛在达到产奶高峰期之前能够将营养物质储备充足，甚至能够出现新的产奶高峰期，使养殖效益得到提升。

（3）产奶中期 母牛分娩后101~200天被称为产奶中期。此时母牛的产奶量开始逐渐减少，但采食量增加，体质逐渐恢复。因此，需要根据产奶量变化调整精饲料饲喂量，减少谷物饲料饲喂，增加粗饲料的饲喂。在产奶中期，主要目的是减缓泌乳量减少的速度，一般应控制到每月降低 6%~8%的速度。日粮饲喂要多样化、适口性好，减少精饲料饲喂，增加母牛粗饲料饲喂量。

（4）产奶后（末）期 分娩后201天到停止产奶被称为产奶后（末）期。奶牛经过大量泌乳后，膘情明显下降，因此泌乳后期应适当增加饲料喂量，恢复奶牛的体况，同时要防止奶牛体质过肥，引起一些其他疾病。加强泌乳后期的饲养以便奶牛进入干奶期时有充足的营养储备。这一时期内的饲料日粮干物质应占体重的3%~3.2%，每千克含奶牛能量单位1.87，粗蛋白质12%，钙0.45%，磷0.35%，精饲料和粗饲料比例为30∶70。粗纤维含量不少于 20%。此期日粮以青粗饲料为主，适当搭配精饲料即可。此外，要对消瘦、营养不良的母牛进行针对性的增加相应营养，以便恢复母牛体重，使其体力增强，达到干奶期的体况标准。

2. 产奶牛管理

（1）分群饲养　根据奶牛场实际情况，对不同产奶水平、不同年龄段的奶牛进行分群饲养，不同营养水平的奶牛对饲料要求也不同，分群饲养能够更大限度地提高母牛的产奶性能。

（2）适量运动　母牛适量运动有助于母牛的消化、增强母牛体质、促进产奶量。如果奶牛缺乏运动，体质容易肥胖，会降低泌乳性能与繁殖能力；同时，肢蹄长期不运动也容易发生疾病。一般奶牛场均设有运动场，让奶牛在运动场上自由运动。

（3）保持清洁卫生　要经常清洁牛体和牛舍，保持卫生状况良好。每天对牛体刷拭1次，刷拭应在奶牛采食和挤奶时间之外进行，防止灰尘、毛发等杂物掺入饲料和牛奶中。同时，清洁干燥的牛舍对奶牛健康至关重要。

（4）保证充足饮水　舍内应安装自动饮水器，在运动场中也应安放饮水池，保证母牛能够随时饮用清洁的水。

（二）干奶牛的饲养管理

奶牛的干奶期是指母牛从停止挤奶到分娩前的这段时间，一般为45~75天，平均60天。在这一时期奶牛乳腺细胞得到修复，体况得到调整。奶牛的干奶期不仅仅是一个泌乳期的结束，更重要的是为下一个泌乳期的开始做准备。不要错误地认为干奶牛不产奶就没有经济效益，就放松对干奶牛的饲养管理。干奶牛饲养管理的好坏不仅影响母牛和犊牛的健康，对下一胎次的产奶量和繁殖率，以及奶牛一生的使用效益均会造成影响，因此饲养者要认真对待干奶牛的饲养管理。

1. 干奶牛的饲养　干奶牛因为处于围产期，腹中胎儿体积过大造成干物质采食量下降、体内能量负平衡、钙磷代谢紊乱、瘤胃内环境改变、机体抵抗力下降等，因此要根据奶牛现阶段生理功能的

改变和营养需求科学有效地做好干奶期的饲养。干奶期的饲养最重要的是避免营养过剩，导致难产。干奶牛必须单独分群，可分为干奶前期和干奶后期的饲养。

（1）干奶前期的饲养　干奶前期大致为停止产奶到分娩前2~3周，此阶段的饲养原则是在满足干奶牛营养需求的前提下尽早停止产奶活动。此阶段若营养过剩，将会延长干奶期，甚至会影响胎儿的发育及下一个泌乳期的产奶量。此时，干奶牛的日粮以优质粗饲料为主，适当搭配精饲料，若饲喂低质量粗饲料（麦秸、稻草）应添加蛋白质与脂肪，对膘情良好的奶牛一般只喂优质干草和适量精饲料。干奶前期满足奶牛的基本营养需要即可，控制奶牛采食量，促使其尽早停止泌乳活动。

（2）干奶后期的饲养　干奶后期（围产前期）指干奶前期结束至分娩前，此阶段的饲养原则是要求膘情差的母牛适当增重，到临产前要保持中等体况。此期的日粮结构应提供高蛋白饲料，钙磷比要适宜，降低粗饲料比例，限制饲喂量。增加维生素E和硒的含量，可有效降低产后胎衣不下的发病率。

2. 干奶牛的管理

（1）分群管理　干奶牛要与大群产奶牛分开饲养，尽量减少干奶牛的应激（粗暴对待、驱赶、噪声等），防止因拥挤、摔倒等因素引起的流产。

（2）确定干奶方法　干奶方法主要就是控制奶牛精饲料和青绿多汁饲料的采食量和饮水量，再结合奶牛当时的产奶量采取快速干奶法或逐渐干奶法。

（3）确定干奶时间　干奶时间依据母牛预产期和干奶期长短而定。奶牛干奶期一般为45~75天，平均为60天。对早期配种母牛、体质瘦弱的母牛、老龄母牛、高产母牛、以往难以停奶的母牛及饲养条件不太好的母牛，干奶期可以适当延长一些，一般为60~75天。对膘情较好、产奶量较低的牛可缩短到45~50天。但母牛干奶期最短不能少于42天，否则将影响下一胎母牛产奶量和母牛健康。

（4）提前调整饲养方案　在停奶前1周开始调整母牛饲喂方案，同时改自由饮水为定时定量饮水。在停奶前3天，根据奶牛产奶量再次调整饲喂方案。此时如果母牛产奶量仍很高，要减去全部精饲料。在日产奶量仍在10千克以上，可适当减去部分精饲料；当日产奶量低于1千克时，可不再调整精饲料饲喂量，适当限制母牛饮水量。

（5）挤净存留奶，并封闭乳头　在到达干奶之日时，将乳房擦洗干净，认真按摩，彻底挤净乳房中的奶，然后用1%碘附溶液浸泡乳头，再往每个乳头内分别注入干奶油剂或其他干奶针。注完药后再用1%碘附溶液浸泡乳头。

（6）注意观察乳房变化　以上操作结束后，乳房在正常情况下，前2~3天乳房明显肿胀，3~5天后积奶渐渐被吸收，7~10天乳房体积明显变小，乳房内部组织变松软。这时母牛已停止泌乳活动，干奶成功。

干奶期的重点在保胎 、防止流产。要创造良好的安静环境，加强牛体卫生管理，保持皮肤清洁，重点是乳房和后躯卫生。干奶期间的饲料品种不要突变，以免打乱和导致干奶牛采食量的降低，此阶段饲养要细心，照顾要周到。

（三）妊娠母牛饲养管理

乳用母牛的饲养管理按其生理状况可分为4个阶段：妊娠期、泌乳期、干奶期和围产期。妊娠是其母牛产奶的前提和基础，但奶牛的妊娠周期较长且受环境、季节和自身各种因素的影响。因此，了解和掌握妊娠母牛各个阶段的生理特点，是合理制定管理措施和饲料营养配比的理论基础。

1. 妊娠期奶牛的特点及妊娠诊断

（1）妊娠期母牛的特点　母牛妊娠期的特点包括胚胎的生长发育和胎儿及妊娠母牛的增重。胚胎的生长发育分为胚胎期、胎儿前期和胎儿期3个阶段。胎儿发育前期所需营养量不大，却是发育的关键时刻，若营养不足，极易发生早期胎儿死亡。胎儿发育后期明显，且所需的营养物质也高。同时，母体由于代谢增强，也需要较多的营养物质，若营养不全或缺乏，会导致胎儿生长缓慢，活力不足，也影响母牛的健康和生产。因此，妊娠期特别是妊娠后期即干奶期前后的母牛饲养在整个奶牛饲养过程中是很重要的。

（2）母牛妊娠诊断 早期妊娠诊断，可防止空怀及时补配，缩短产犊间隔，提升母牛繁殖率。母牛妊娠与否可通过外部观察法进行诊断，观察配种后是否发情。同时，还可通过阴道检查法、子宫颈液诊断法、激素检查法、化学检查法和直肠检查法进行诊断。

2. 冬季妊娠母牛饲养管理要点 冬季低温，妊娠期母牛死亡多为猝死和产前瘫痪。猝死大多发生在气温骤降初期，此时若饲养管理跟不上，情况会进一步加剧。因此，冬季妊娠母牛的饲养管理要着重做好防寒保暖、防潮通风、增加运动和光照、提高饲料营养标准、饮用温水、加强围产期管理等措施。

3. 夏季妊娠母牛饲养管理要点 夏季高温，应做好防暑降温，加大饲料的饲喂量。夏季蚊蝇滋生，干扰母牛休息。夏季雨水偏多，牛舍和运动场潮湿等易引发妊娠母牛疾病，如乳房炎、腐蹄病等，应加以预防。主要措施包括每天清洗饲槽，保持饮水清洁；对牛栏经常进行通风，降低舍内空气湿度，条件好者还可安装吊扇；同时，还需要对牛舍和运动场定期清洁、消毒。

第六章 发情鉴定与配种

一、母牛发情

发情是指母牛卵巢上出现卵泡发育，能够排出成熟卵子，同时在母牛外生殖器官和行为特征上呈现一系列生理变化和行为学过程。主要受卵巢活动规律支配，即在生殖激素的调节下，卵巢上有卵泡发育和排卵，生殖道有充血、肿胀和排出黏液，以及外部行为表现为兴奋不安、食欲减退和出现求偶活动等变化和现象。

（一）初 情 期

初情期是指母牛初次出现发情或排卵。一般为6~12月龄。初次发情时间与品种、体重、营养等有关。当育成牛体重达到成年体重的40%~50%时即进入初情期。营养均衡、生长发育快的育成牛初情期早，6~8月龄即可初次发情；营养不良的育成牛，初情期可延迟至18月龄。

（二）性成熟与适配年龄

性成熟是指初情期后，母牛的生殖器官和第二性征发育趋于完善，并能产生成熟的卵子和分泌雌激素，具备了正常繁殖后代的能

力。母牛的性成熟一般在8~14月龄。性成熟发生的早晚与品种、环境、营养等有关。这一阶段的母牛虽达到性成熟，但不宜配种，过早配种会影响母牛的自身生长发育和日后的生产性能，对胎儿生长也有害无利。14月龄后的母牛生殖器官发育日渐成熟，为以后妊娠做好充分准备。奶牛最适宜配种阶段一般要求在18月龄，体重达350千克，即母牛达到体成熟时。

（三）发情周期

随着母牛卵巢周期性的排卵和黄体形成与退化，母牛整个机体，特别是生殖器官将发生一系列变化。母牛从性成熟至年老性功能衰退，在无妊娠和无疾病情况下，均进行着反复的周期性的发情。从本次发情开始到下一次发情开始的时间间隔叫作发情周期。母牛的发情周期一般为18~24天，平均21天。发情周期通常可分为发情前期、发情期、发情后期、休情期，但每期都没有截然分开的界限。

1. 发情前期 这是发情期的准备阶段。母牛卵巢内的黄体逐渐萎缩（周期黄体），新的卵泡开始发育，雌激素分泌增加，生殖器官黏膜上皮细胞增生，纤毛数量增加，生殖腺体活动增强，分泌物增加。生殖道轻微充血及肿胀，阴道无黏液排出，但这一时期无发情表现，人们不易察觉。该期一般持续1~3天。

2. 发情期 母牛从发情开始到发情结束的时期，也称为发情持续期。母牛分娩后一般在35天（20~90天）出现第一次发情。发情持续期因年龄、营养状况和季节变化等不同而有长短，一般为3~36小时，平均18小时。育成牛和体况好的牛发情持续时间短，老龄牛和体况较差的牛持续时间较长。在这一时期，母牛有性欲表现，生殖器官各部分发生明显变化，呈充血肿胀状态，腺体分泌增多，从阴道内流出黏液，子宫颈口松弛、开张。

根据发情母牛的外部特征和性欲表现不同，发情期又可分为3个阶段。

（1）发情初期 此时母牛的卵泡快速发育，雌激素分泌量增多。母牛表现兴奋不安，经常哞叫，食欲减退，产奶量下降。在运动场上或放牧时，常引起同群母牛尾随，当其他牛爬跨时，常拒绝接受而仰头走掉。仔细观察可见其外阴部肿胀，阴道壁黏膜潮红，黏液量分泌不多，稀薄，黏液牵缕性差，子宫颈口开张。

（2）发情盛期 此时期母牛的表现为，接受其他牛爬跨而站立不动，两后肢叉开，举尾拱背，频频排尿。拴系母牛则表现为两耳竖立，不时地转动倾听，眼光敏锐，人手触摸尾根时无反抗力。母牛阴门常流出具有牵缕性的黏液，俗称“吊线”，流出的黏液往往沾于尾根或臀端周围被毛处。检查阴道时可见黏液量增多，稀薄透明，子宫颈口红润开张。此时的直肠检查卵泡突出于卵巢表面，直径约1厘米，触摸时波动性差。

（3）发情末期 此时期的母牛性欲表现逐渐消失，不再接受其他牛爬跨，阴道黏液量分泌减少，黏液呈半透明状，混杂一些乳白色，黏性稍差。直肠检查卵泡增大到1厘米以上，触摸时波动感明显。

3. 发情后期 母牛发情的性兴奋状态减弱，逐渐转入静止状态，生殖器官逐渐恢复正常，腺体分泌减弱，黏液分泌量减少而黏稠；多数育成牛和部分成年母牛从阴道流出少量血液。母牛在发情停止后10~15小时排卵，一般右侧卵巢排卵数比左侧多，夜间，尤其是黎明前排卵数较白天多；卵巢排卵后6~8小时在卵窝处逐渐生成黄体，并开始分泌孕酮，此时发情结束，进入休情期。该期持续时间为3~4天。

4. 休情期 又称间情期。母牛精神状态处于正常生理上的相对静止期；性欲完全消退，生殖器官各部完全恢复常态，腺体分泌停止；卵巢的卵泡消失而成为黄体，黄体又逐渐发育转为退化，而使孕酮分泌量逐渐增加后又缓慢下降。休情期的长短，往往决定了发情周期的长短。该期持续12~15天。正常的发情周期就这样周而复始地进行，直至衰老为止。

二、奶牛发情鉴定

发情鉴定是奶牛繁殖工作中的重要技术环节。通过发情鉴定，可发现母牛的发情活动是否正常，判断处于发情周期的哪个阶段及排卵时间，从而准确地确定奶牛的配种时间，做到适时配种，以期达到提高奶牛受胎率之目的，常用以下几种鉴定方法。

（一）外部观察法

外部观察法是母牛发情鉴定最简单易行的方法。主要通过早、晚观察在运动场和牛舍内母牛的外部表现和精神状态来判断母牛是否发情。发情的母牛表现兴奋不安、哞叫、两眼充血、眼光锐利、感应灵敏度提高，食欲减退，产奶量下降，互相爬跨、弓腰、尿频而量少；外阴部潮红肿胀，由阴道排出黏稠的透明液体。到发情后期接近排卵时，母牛表现比较安静，逃避爬跨，但仍愿爬其他母牛；由阴道流出的黏液量少而较黏稠。到排卵之前上述征候逐渐消失。

（二）试 情 法

根据母牛在公牛接近时的亲疏表现行为来判断其是否发情的方法。把切断输精管的公牛放入母牛群内，观察母牛群中的发情母牛，如试情公牛爬跨，母牛站立不动并回头观望时（俗称“打稳栏”），即可将母牛牵出，确定母牛为正常发情，可进行配种。

（三）阴道检查法

用开膣器或扩张筒插入母牛阴道中，观察阴道黏膜的色泽、充血程度、子宫颈的弛缓状态、子宫颈外口开口的大小和黏液的颜色、分泌量及黏稠度等来判断母牛是否发情。检查时，器械要灭菌消毒，插入时动作要轻缓，以免损伤阴道壁。没发情的母牛阴道黏膜苍白、干燥，子宫颈口闭锁。发情时的母牛外阴部红肿，阴道黏膜充血潮红、肿胀，表面光滑湿润，有透明黏液流出；子宫颈口充

血潮红、松弛、柔软开张并有黏液，开始较稀、清亮如水，随着发情时间的延长，黏液逐渐变稠，量也由少变多，到发情后期量逐渐减少，更加黏稠而浑浊。

（四）直肠检查法

该方法可准确判明卵泡发育的程度和排卵时间，尤其适用于那些发情表现异常、不易观察的母牛，还有一些卵泡发育与排卵过快或过缓的母牛及已妊娠又表现发情的母牛等情况。操作者把手伸到母牛直肠内，隔着直肠壁可以触摸到子宫颈变软、增粗，通过触摸卵巢上的卵泡，根据卵泡发育情况来判断是否发情。母牛在发情时，可触摸到突出于卵巢表面且有波动感的卵泡。母牛的卵泡发育可分为4个时期，各期特点表现如下。

1. 卵泡出现期　卵巢稍增大，卵泡直径为0.5~0.75厘米，触摸时感觉卵巢上有一隆起的软化点，但波动不明显，子宫颈柔软。此时期持续约10小时，多数母牛已表现出发情症状。

2. 卵泡发育期　卵泡增大且直径可达1~1.5厘米，呈小球突出于卵巢表面，触摸时光滑而明显有波动感，子宫颈稍变硬。这一时期持续10~12小时，此阶段的后半期，母牛的发情表现已经减弱，甚至消失。

3. 卵泡成熟期　卵泡不再增大，卵泡壁变薄且光滑，弹性增强，触摸时有一触即破之感，如同成熟的葡萄，波动感明显，子宫颈变硬。此期持续6~8小时。

4. 卵泡排卵期　卵泡破裂排卵，卵泡液流失，排卵后卵泡消失，卵泡壁有松软的凹陷感，子宫颈如人的喉头状。排卵多发生在母牛性欲消失后的10~15小时，并多发生于夜间，且右侧卵巢排卵较多。排卵后6~8小时可在卵巢表面触摸到肉样感觉的黄体，质地较硬与卵泡的手感截然相反，大小为0.7~0.8厘米。黄体发育成熟后可达2~2. 5厘米，此时标志母牛已进入休情期。

直肠检查的操作。检查人员应先将指甲剪短、磨光，手戴橡胶长臂手套或一次性塑料手套，外涂肥皂水。然后用手抚摸母牛肛门，五指并拢呈锥形，缓慢旋转伸入肛门，反复几次排出直肠内的粪便，再将手伸入肛门，手掌展平，掌心向下，按压抚摸，在骨盆腔处（或稍向前到骨盆腔前缘）可摸到一前后长而圆且质地较硬的棒状物，即为子宫颈，顺子宫颈继续向前触摸，可摸到一浅沟为子宫角间沟，在沟的两侧向前、向下、向左右即可触摸到卵巢。触摸卵巢时，最好用食指和中指将卵巢固定在手中，用拇指肚轻轻触摸检查卵巢的形状、大小、质地及卵泡发育等状况。操作时要仔细，动作要缓慢，在母牛努责时或肠管收缩时不要将手臂强行向里推，可稍等或采取抓挠肠壁或脊背按压等方法，使肠道“努责”和“收缩”停止再行检查。检查完毕后摘掉手套，手臂应及时清洗、消毒，并根据检查情况做好记录。

以上几种方法判断奶牛发情排卵，以直肠检查法最为可靠，但如果生产实践中能综合上述两种或多种方法，进行综合判定，结果会更加准确。

（五）电子发情监控系统

使用上述传统的发情鉴定方法，虽然操作流程相对简单，但对于发情鉴定人员的经验和技术要求较高，有时候效果未必理想。20世纪90年代初，英国北威尔士大学研究人员提出了母牛发情运动期运动量偏差的研究。母牛通常的运动量为3~5千米/天，平均100步/小时，但发情期的母牛运动量会增加至10千米以上，400~600步/小时。根据这一原理，电子发情监控产品和数据分析管理系统相继问世，并逐步在规模化奶牛场中推广使用。

奶牛电子发情监控系统一般由“活动量采集发射系统、数据接收系统、数据分析处理通知系统”构成。一是活动量采集发射系统通常由安装在奶牛身上的计步器或项圈组成，内置活动量分析记录单元和无线通信发送单元，以便识别牛号、统计活动量和发送数据。二是数据接收系统的核心是无线通信接收单元，主要用来收集计步器或项圈发送的无线数据，并将其传送给数据分析处理通知系统。三是数据分析处理通知系统是利用计算机将接收的活动量数据进行保存并通过计算奶牛活动量差异推算出奶牛的发情周期，以此来判断母牛当前是否处于发情状态。通过电子发情监控系统，可对奶牛行为进行24小时不间断监控，大大提高了发情鉴定效率，准确率可达到90%以上，克服了人工发情鉴定的不连续性和漏检问题。

（六）异常发情

母牛发情受许多因素影响，一旦某些因素使母牛发情超出正常规律，就叫作异常发情。

1. 隐性发情　所谓隐性发情即母牛发情时外观表现不明显，或者发情的时间较短，缺少性欲表现。这种现象在产后母牛和瘦弱母牛中较为常见，原因是促卵泡素或雌激素分泌不足，营养不良，泌乳量过高等。对这类母牛在观察发情时要特别注意，否则容易错失配种良机。解决办法：怀疑某头牛可能发情，进行人工直肠检查触摸卵巢，通过卵泡发育程度来确认是否发情。

2. 假发情　有外观发情表现，但卵巢没有卵泡发育即为假发情。有部分妊娠母牛在妊娠4~5个月时，突然有发情表现，而且接受爬跨，但进行阴道检查时，阴道外口表现收缩或半收缩，阴道无黏液流出，子宫颈口紧闭，直肠检查能触摸到胎儿。另一类假发情牛，具有各种发情表现，但触摸卵巢无发育的卵泡，这类牛大部分是患卵巢功能不全的育成母牛和患子宫内膜炎的母牛。对假发情牛在鉴定是否发情时，要特别对妊娠母牛加以注意，切不可因误判而造成妊娠母牛流产，当发现患繁殖疾病的母牛要及时进行治疗。

3. 持续发情　正常的母牛发情持续时间较短，但有的母牛连续2~3天发情不止，主要有以下两种原因所造成的。

（1）卵巢囊肿　是没有排出的卵泡继续增生、肿大而造成的。由于卵泡不断发育则分泌过多的雌激素，所以母牛发情时间延长。

（2）交替发情　开始时一侧卵巢有卵泡发育产生雌激素使母

牛发情，但不久另一侧卵巢也有卵泡开始发育，前一卵泡则发育中断，后一卵泡继续发育。这样，它们交替产生雌激素而使母牛发情表现时间延长。

4. 不发情　母牛因长期饲养管理不当，致使营养不良，子宫疾病、卵巢疾病或其他全身性严重疾病等都可使母牛不发情。泌乳能力高而分娩母牛，常常在分娩很久不发情，这类牛常常混有部分隐性发情征候，因未被人们发现，当作不发情对待，所以在生产中应认真区别对待。

5. 影响发情周期的因素　产奶牛可常年发情，一般不受季节限制。影响发情周期的因素：一是受神经和激素的支配，二是受季节、饲料、饲养管理水平的影响。

三、母牛配种

母牛配种通常分为自然交配和人工授精两种方法。其中，自然交配是指种公牛与发情母牛直接进行交配繁殖后代的传统方法，在奶牛养殖中，母牛的配种还可分为自由、分群、圈栏和人工辅助等方式。我国奶牛的人工授精技术在20世纪50年代初期开始研发应用，现在已经被广泛应用于奶牛生产中。它是利用器械把经过人工处理后的精液输送到发情母牛生殖道的适当部位，使母牛受胎的配种方法。母牛的人工授精，特别是冷冻精液制作的普及是家畜繁殖技术的一次重大革命，对全世界奶牛业的发展起到了重要的推动作用。应用人工授精技术对发情母牛进行配种的重要意义在于充分发掘和利用良种公牛的配种能力，极大程度地提高了种公牛的繁殖利用率，降低了养殖成本。

（一）应用冷冻精液配种改良的优越性

所谓冷冻精液，就是通过常规采精所取的公牛精液经过科学处理，用超低温冷源（液氮-196℃）进行科学冷冻，制成固体颗粒或

细管状态的冷冻精液。液态氮的应用为长期贮存奶牛精液提供了有利条件。人工授精技术是发展养牛业的一项重大措施，具有以下优越性。

1. 最大限度地提高优良种公牛的利用率　在完全自然交配的情况下，1头公牛1年只能配20~30头母牛；采用处理过的新鲜精液进行人工授精技术，1头公牛可配1 000~3 000头母牛；而应用超低温冷冻技术处理后的精液可以全年使用，一般1头公牛可配母牛5 000头以上。

2. 提高受胎率　在自然交配时，常常因公牛在母牛群中的比例不当而影响母牛受胎率，而人工授精则可以通过直肠把握方法直接触摸卵巢上卵泡的发育程度，进而掌握母牛的排卵时间，做到适时人工输精；通过直肠把握方法还可以检查出患生殖器官疾病的母牛并及时治疗，达到提高母牛受胎率的目的。

3. 不受时间、地域和种公牛生命的限制　公牛精液通过超低温冷冻处理后可以长期保存和运输，因而不受时间和地域的限制，任何时间、地点都可选用优良种公牛的冷冻精液对母牛进行人工输精。现在国家之间都可以长途运输到异地或进出口冷冻精液，不受地域和时间限制。冷冻精液还有一个最大的优势，就是在优秀公牛存活的健康状态下，可以尽量多地采取精液并进行冷冻保存，以后种公牛死亡仍可用其生前冷冻保存的精液进行人工输精。据研究试验表明，牛冷冻精液在超低温保存状态下，十几年乃至几十年后仍有较高的受胎能力。

4. 预防疾病的传播　对母牛进行人工授精时，公牛不用直接接触母牛，因而也杜绝了某些因本交而传染的疾病。还可以克服因品种不同造成公、母牛大小悬殊或因四肢疾病不便于直接交配的困难，克服种间或品种杂交遇到的生理上的障碍等。

5. 可大大降低种公牛的饲养成本　由于种公牛利用率的提高，需要饲养的种公牛数量就大大减少，从而大大地节省了人工、饲料和各种饲养管理费用等。

总之，冷冻精液人工配种技术，是当前促进奶牛业发展最重要、最有效的技术手段之一。

（二）精子的生理特性

1. 精子的运动形式 精子的运动形式有以下3种：直线前进运动、旋转运动和原地抖动。只有第一种运动形式的精子活力比较强，有可能达到受精目的。

2. 外界环境因素对精子的影响

（1）温 度

①高温 可使精子的代谢和活动力增强，能量消耗加快，生命持续时间短。

②低温 低温可以抑制精子的活动能力。但急剧地将精液降温到10℃以下时，精子必遭到冷休克，而且是不可逆地丧失活力。

（2）光照和辐射 直射阳光对精子有害，日光中的红外线能直接使精液温度升高。

（3）渗透压 渗透压高时可使精子皱缩，渗透压低时可使精子膨胀，这两种情况均可造成精子很快死亡。

（4）酸碱度 pH值偏高时精子呼吸增强，运动活跃，存活的时间短。相反，pH值偏低时，精子的活动力减弱，或处于休眠状态。

（5）化学药品 如各种消毒药品，磺胺类、抗生素类药品对精子均可造成影响。

（6）气味的影响 油烟、葱、烟、蒜、酒等这些异味对精子都有影响。

（三）冷冻精液的保存与检查

冷冻精液解冻后精子活力的好坏对于母牛受胎率的影响至关重要。因此，为了保证贮存于液氮罐中的冷冻精液品质，在日常保存及取用时应注意以下事项。

1. 液氮罐定期补充液氮 要注意随时检查液氮罐中的液氮贮存

量，根据实际需要及时补充液氮，保证液氮容量不少于液氮罐总容量的1/3。若发现液氮罐口有结霜现象，且液氮的损耗量迅速增加时，是液氮已经损坏的迹象，要及时更换新的液氮罐。

2. 提取冷冻精液动作要稳、快　当从液氮罐内提取冷冻精液时，盛装贮精袋（内装精液细管）的提斗或布袋不得提出液氮罐口外，应将其放在液氮罐颈下部，用长柄镊夹取精液包装细管（颗粒），操作动作越快越好。

3. 精子活力检查　条件允许时，要定期抽查冻精的精子活力，每批次冷冻精液每次可抽查1~3支，精子活力达到35%以上方可使用。精子活力检查时，可通过恒温装置使显微镜载物台保持在37℃。

4. 液氮罐的维护　液氮罐一般每年定期检查清洗1次。先准备好一个正常液氮罐，装好液氮备用，将备检液氮罐中贮精"提斗"或"布袋"向另一液氮罐转移时，动作要稳、准、快，冷冻精液在空气中暴露时间不得超过5秒钟。

（四）输精时间和次数的确定

1. 最适宜输精时间的确定　因人工输入的精液量有限，确定最适宜输精时间是人工授精技术成功的关键，选准配种对于母牛输精后能否受胎至关重要。母牛输精的适宜时间取决于发情母牛排卵时间、卵子和精子达到受精部位的时间，以及卵子和精子在母牛生殖道保持受精能力的时间。

一般根据母牛排卵时间而确定输精时间，母牛的排卵时间一般在发情结束后10~13小时，这个时间加上母牛发情持续时间（即接受公牛爬跨时间）总计28~30小时（由发情到排卵）。对母牛而言，卵子排出后保持受精能力的时间比较短（12~18小时），精子进入母牛生殖道需要有"获能"过程才具有受精能力。精子保持受精能力的时间比较长（24小时左右，最长可达50小时）。因此，在排卵前6~24小时输精最为合适。经验证明，这段时间输精受胎率最高。如从发情时间来看，最适宜的配种时间是发情开始后9~24小时，在这个时间以前（早于9小时）或以后（迟于24小时）输精受胎率一般较低。

上述时间推断是理论上的，在实际操作中，很难掌握母牛的确切发情时间和排卵生理变化过程。特别是相当一部分牛发情始于夜间，当白天发现发情就不易判断母牛究竟发情持续了多长时间。一般情况下可在母牛发情接受爬跨后8~12小时进行第一次输精，间隔8~12小时进行第二次输精（表6–1）。对此，我们在实际操作中按以下（图6–1）时间安排掌握即可。

表 6–1　母牛适宜输精时间安排

发现发情时间	第一次输精时间	第二次输精时间
上午（9时以前）	当天下午	翌日上午（9时以前）
上午（9~12时）	当天傍晚	翌日上午（12时以前）
下午	翌日上午	翌日下午

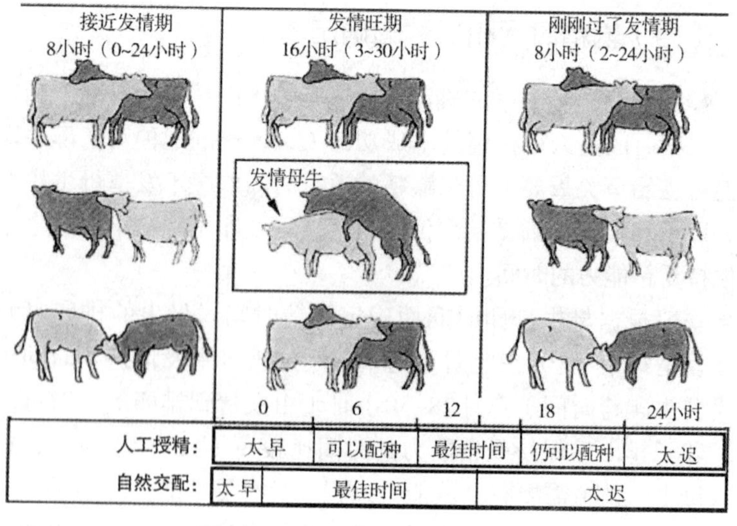

图 6–1　发情母牛适宜输精时间

（Watt M《繁殖与遗传选择》，施福顺，等译，2004）

2. 输精次数的确定　对于发情母牛进行几次输精最为合适，这要看母牛的卵巢卵泡发育程度和人工授精操作人员本身的技术熟练程度。

在能确定母牛排卵时间的情况下，可以进行一次输精。在不能确定排卵时间时，就要采取两次输精的办法，其目的就是要确保发情母牛的受胎。由于母牛发情持续时间很短，青年母牛和成年母牛的发情、排卵时间差异不显著，因此没有必要区分配种时间。但是，对低标准饲养的母牛，在营养不良或饥饿状态下的瘦弱母牛，排卵迟缓，甚至不排卵。对这样的母牛配种要利用直肠检查法对母牛的卵泡发育情况进行检查来确定输精时间。

确定发情母牛的输精时间和输精次数之后，下一步就要准备进行冷冻精液的解冻和要采取的输精方法。对于冷冻精液输精其主要方法以“直肠把握深部输精”为最佳选择。

（五）输精前的准备工作

1. 母牛准备　被鉴定发情的母牛在配种前应进行适当的保定，防止伤害人工授精人员和母牛本身。将待输精的母牛固定在保定架、颈枷内进行保定，对其外阴部进行清洗消毒，并将尾巴拉向一侧固定住。

2. 器械准备　输精器械在使用前必须彻底清洗消毒。输精器械取决于使用精液的剂型，目前我国牛人工授精使用的冷冻精液是0.25毫升的细管冷冻精液，牛细管冷冻精液输精应配备金属输精枪、一次性灭菌塑料外套管、塑料长臂手套和细管剪刀、保温杯、温度计等。

3. 冷冻精液准备　目前，国内使用的细管冷冻精液分为0.5毫升、0.25毫升两种剂型，其解冻方法是一致的，只是输精枪的型号有所区别。冷冻精液解冻后，用显微镜观察其精子活力一般不应低于35%。

（1）准备　准备好保温杯或水浴锅等恒温容器，并将其水温

控制在38℃~40℃（不能超过40℃）。

（2）解冻 打开液氮罐，找到要使用的冻精贮存提斗或布袋，将其提到罐口以下，用医用镊子夹住冷冻精液细管，迅速投到待用的解冻容器中。如果寻找冻精精液细管的时间超过10秒钟，应将提斗或布袋放回液氮面中15秒钟后再提起寻找，防止冷冻精液升温对精子造成伤害。从液氮罐口到解冻容器中提取时间要求不超过5秒钟。在解冻容器中水浴解冻1分钟左右，立即取出，擦干细管壁的水滴装入输精枪。

（3）检查 检查冻精细管上的编号是否清晰、正确，并及时记录登记相关信息。

（4）装枪 要提前配备所需型号的输精枪，将解冻后的细管有封口棉塞一端插入输精枪内芯上（用力不要过猛），然后连同输精枪内芯和"细管"一起，慢慢推到输精枪（器）外套中，在推到细管的封口端与输精枪外套的前端相距1厘米时即可；剪去解冻后冷冻精液细管封口，套上塑料外套准备输精。

（六）输　精

牛人工输精方法有阴道扩张器输精和直肠把握输精两种，但目前常用的是直肠把握输精法，全称是"直肠把握子宫颈输精方法"，生产中一般简称直肠把握输精。直肠把握输精就是一只手伸进直肠内把握子宫颈，另一只手持输精器，两手协同配合，把输精器伸入到子宫颈3~5个皱褶处或子宫体内，并将精液缓慢推出的过程。其优点有操作简单、安全可靠，精液输入部位深，不易倒流，受胎率高，且对母牛刺激小，能防止给妊娠母牛误配而造成人工流产。

1. 直肠把握输精要领 直肠把握是牛人工授精的基础，对于初学人工授精的人员来说，将输精枪送过子宫颈口和触摸卵巢诊断卵泡发育程度是两大难关，需要结合理论并多次进行实际操作练习才能熟练掌握，关键要领如下。

第一，正确把握子宫颈口，进入母牛直肠内的手要把握子宫颈的后端，并与子宫颈保持水平状态。图6–2是直肠把握输精时把握子宫颈的正确方法和错误方法。方法错误时，输精枪无法到达子宫颈外口，此时应先松开子宫颈，进入直肠内的手稍稍后退，并用手掌后缘将子宫颈往前推，然后重新把握子宫颈。

第二，应避免输精枪阻挡在阴道皱褶或者阴道穹窿而无法达到子宫颈口（图6–3）。遇到此类问题时，应先将输精枪稍稍后退，离开皱褶，然后重新往前送输精枪达到子宫颈口。

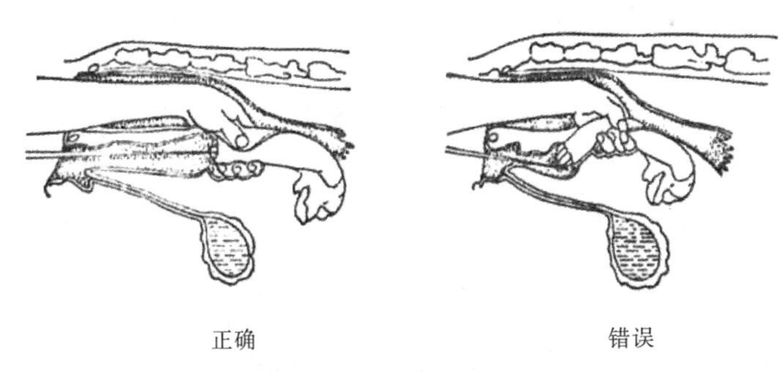

图 6–2　直肠把握输精时把握子宫颈的方法

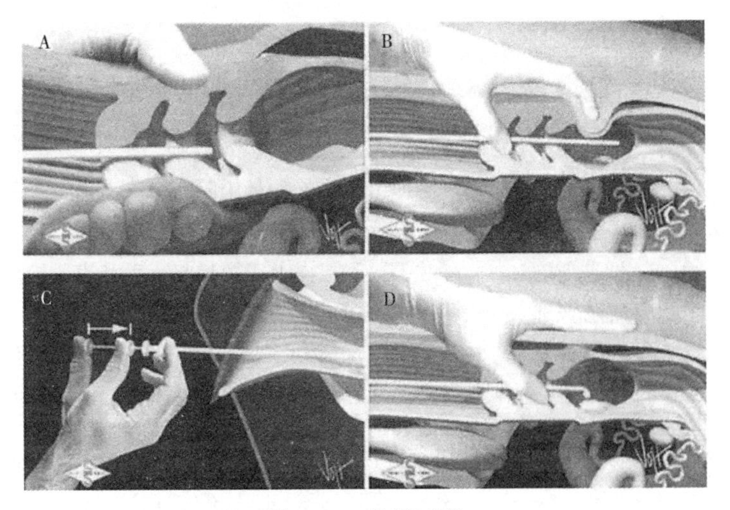

图 6–3　输精过程

A.输精枪通过子宫颈　B.感触输精枪前段位置　C.推出精液　D.精液在子宫体内

2. 直肠把握输精操作方法 输精操作者穿好工作服，一只手戴好长臂手套，手套外涂抹肥皂水（主要起润滑作用），然后轻轻伸入直肠内，先将直肠内的粪便排净，粪便排净后，将母牛外阴部清洗干净，手再次伸入直肠内，手心向下开始捞摸子宫颈，摸到子宫颈后用手指将其固定在手中。这里必须强调的是：子宫颈外口一定固定在小拇指和手掌中间（以便于输精枪插入），同时手臂用力向下压迫使阴门裂开，另一手持输精枪向阴门插入。输精枪在向阴门插入时，应先向斜上方插入，避开尿道口，而后再平插，通过阴道到达子宫颈外口，这时在直肠内的手与持输精枪的手要互相配合，寻找子宫颈口。持输精枪的手要将输精枪轻轻向前推进，枪头要上下、左右晃动，当持输精枪的手感觉到有“咔”的一声时，证明输精枪的头端已进入子宫颈内的第一道皱褶，同样方法将输精枪继续向前推进，当感觉到“咔、咔”两声时，说明输精枪头端已过第三道皱褶，再轻轻向前推进，然后轻轻向后拉一点，便可将精液注入子宫，而后抽出输精枪。直肠内的手臂轻轻向后拉出，输精到此结束。当输精出现问题时，可参照表6–2根据不同的原因采取相应的解决办法。

表 6–2 直肠把握输精容易出现的问题及解决办法

问　题	原　因	措　施
手不能伸入直肠	母牛特别暴躁	需助手一手掐住鼻中隔，另一手保定头部
	手套干涩	蘸水或涂凡士林或肥皂水
	母牛抵抗	右手提尾根向上用力抬起，手指拢成锥形
	直肠努责	稍停止让过直肠努责波
输精器不能顺利插入阴道	牛尾打拢	把牛尾拨到左臂外边，或将牛尾拴在牛颈上
	排粪污染	排粪时用另一只手遮住，避免粪便污染外阴部
	阴门闭合	用直肠内臂肘下压会阴可压开阴门
	输精器干涩	将输精器前端平贴阴裂捻转，用黏液沾湿
	插入方向不对	先向斜上方插入10厘米左右，再平向或向下插入，老牛阴道多向腹腔下沉

续表 6-2

问　题	原　因	措　施
输精器不能顺利插入阴道	阴道变曲阻碍	用直肠内右手整理和向前拉直阴道，输精器转动向前
	母牛过敏	抽动直肠内左手，按摩或轻搔肠壁，以分散母牛对阴部的注意力
	误入尿道	重插，使输精器尖端沿阴道上壁前进，可以避免误入尿道
找不到子宫颈	青年母牛	宫颈往往细如小指，多靠阴门
	老龄母牛	宫颈粗大，往往随子宫下沉入腹腔，须用手提起
	生殖道闭锁	如检查骨盆腔前无索状组织（生殖道），则必团缩在阴门最近处，用手按摩伸展

（七）提高母牛人工授精受胎率的措施

生产中影响母牛人工授精受胎率的因素众多，主要有3个方面：一是牛的因素，如母牛生殖器官健康状况、机体健康状况、发情周期与发情鉴定、精液质量等；二是人的因素，如牛的日常饲养管理和疫病防控状况，人工授精技术水平、工作热情和责任心等；三是环境因素，如牛的生存环境，当地的气候条件等。因此，要提高牛人工授精受胎率就要从这3个方面着手，力争减少上述因素的不利影响，从而保证获得较为理想的母牛受胎率。

1. 保障母牛具有健康的生殖器官和生殖功能　由于母牛分娩时助产不当或难产、胎衣不下等原因造成的母牛子宫疾病（如子宫炎等）、卵巢疾病（卵巢静止、卵泡或黄体囊肿等）都会对母牛发情和受精效果产生不利的影响。因此，应通过加强日常饲养管理和疾病防治，保证母牛具有正常的生殖功能。

2. 防治其他疾病，保证母牛机体健康　母牛常见的乳房炎、肢蹄病及其他传染病都会影响母牛发情周期和卵泡发育，进而影响牛正常生殖功能，而布鲁氏菌病甚至可引起妊娠后期母牛流产和早产。因此，及时预防和治疗母牛疾病是保障母牛机体健康，促进人工授精受胎率提高的重要因素。

3. 选择高质量的冷冻精液 不同品种和同种不同个体的种公牛的精液受精能力可能存在差异，而不同生产厂家的牛冷冻精液的质量也可能存在差异。因而，生产中应结合精力活力检查和实际受精效果，选择高质量的冷冻精液。

4. 及时、准确的发情鉴定和适宜的输精时间 技术人员只有及时、准确地判断母牛发情、排卵时间，并确定适宜的输精时间，才能提高人工授精的成功率。因此，平时要加强母牛发情鉴定和输精适宜时间判断的练习，以便及时、准确、适时地进行人工授精，提高受胎率。

5. 熟练的输精技术 熟练的输精技术对于母牛人工授精成功与否至关重要。因此，人工输精技术员应通过平时练习，掌握熟练的直肠把握输精技术（如输精枪熟练地通过子宫颈口、熟练地检查、判断卵巢卵泡发育情况等）。

第七章
同期发情与胚胎移植

一、同期发情

同期发情就是以母牛卵巢和垂体分泌的某些激素在母畜发情周期中的作用为理论依据，应用合成的激素制剂和类似物，人为地干预母牛群的自然分散发情过程，暂时打乱它们的自然发情周期的规律，继而将牛群每一个个体发情周期的进程集中调整到同一时期内，人为地造成发情同期化的一项繁殖技术。同期发情是胚胎移植技术中的主要环节之一，它在胚胎移植技术的应用中具有两方面的意义。其一，为受体的发情同期化，即在同一时间内为超数排卵供体牛准备足够可用于移植的受体。其二，供体和受体的发情同期化，也就是使受体牛群和供体牛群生理活动再同期化。自20世纪60年代以来，国内外对动物同期发情做了大量的深入研究，并取得了较大进步，如今该项技术已逐步在畜牧生产尤其是规模化奶牛、肉牛养殖中得到广泛应用。

（一）同期发情的生理机制

在母牛的生殖生理中，卵巢的功能起重要作用，母牛的发情周期按卵巢的形态和功能可分为卵泡期和黄体期，两期交替反复就形成了发情周期。在卵泡期，周期性黄体退化继而血液中孕酮水平显著下降后，垂体促性腺激素可促使卵泡迅速发育、成熟和排卵，并使母牛表现出发情症状，这一时期一般是发情周期的第18~21天。母牛排卵后，在卵巢的排卵部位形成黄体，便进入黄体期，这一时期一般是发情周期的第1~17天。在黄体形成发育和消退阶段，黄体能分泌孕酮（在血液中维持一定的水平），孕酮能够抑制垂体促性腺激素的分泌，从而使母牛处于生理上的相对静止期，母牛不会出现发情症状。如果母牛未妊娠，则由子宫分泌的前列腺素能够将黄体溶解，经过15~17天后黄体即行退化；此时，孕酮在血液中含量下降，对垂体促性腺激素分泌的抑制作用解除。垂体又开始分泌促性腺激素，从而导致下一个卵泡期的开始，母牛又重新开始处于发情期。

因此，同期发情的核心问题是控制黄体期的长短，并同时终止黄体期。如能使一群母牛的黄体期同时结束，就能引起它们同期发情。正常情况下，牛群中的每头母牛都随机地处在发情周期的不同阶段，如卵泡期或黄体期的早、中、晚各期。控制发情就是通过激素或药物处理等方法控制黄体期黄体的寿命，降低母牛体内孕酮水平，促使所有母牛发情周期调整到相同的阶段，达到同期化发情的目的。主要通过两种途径实现，一是先给母牛群施用抑制其卵泡生长发育的激素，使其处于人为黄体期；然后经过一定时期停止用药，使卵巢功能恢复正常，引起同一群母牛同时发情。二是利用性质完全不同的另一类激素，加速黄体退化，缩短黄体期，使卵泡期提前到来，促使母牛发情。

（二）同期发情的控制方法

牛的同期发情最常用的方法主要有两种，一种是孕激素法，另一种是前列腺素法，以此来控制母牛的自然发情周期规律。

1. 孕激素法　这种方法的作用机制是利用外源孕激素来维持母牛体内孕激素水平，从而抑制发情改变母牛原有的发情周期。一旦

停药，母牛体内孕激素水平下降，引起发情。常用的孕激素种类很多，如孕酮、甲孕酮（甲羟孕酮）、甲地孕酮、氯地孕酮和18–甲基炔诺酮等。投药方式可分口服、埋植、注射、阴道释放等；用药期16~20天，最后1天肌内注射孕马血清1 000~2 000单位，牛群一般在处理后4~5天可同期发情；但第一次发情配种的受胎率很低，至第二次自然发情时，配种受胎率明显提高。目前的胚胎移植中使用效果最好的为CIDR（孕酮阴道硅胶栓）。CIDR是20世纪80年代初开发出来的动物同期发情产品，由新西兰InterAg公司生产，目前已成为世界范围内动物繁殖控制阴道药物释放系列的主导产品。同期发情的处理方法：在发情周期的第3~5天，母牛阴道中置入CIDR，第7~9天时取出。取出前24小时肌内注射前列腺素，48小时后，90%的牛可以发情。

2. 前列腺素法　前列腺素法是当今同期发情普遍应用的方法之一，它的优点是方法简便、安全、剂量小、效果明显（同期发情反应率和同期受胎率都比较高）。特别是前列腺素类似物，如国产氯前列烯醇价格明显低于进口产品，易于被使用者所接受。

前列腺素用于同期发情的机制尚未确定，但有一种说法认为，这类化合物可以引起血管收缩效应，这种效应可以诱导卵巢乏氧，从而导致黄体溶解。值得注意的是前列腺素在发情早期不起作用，因此用前列腺素诱导母牛同期发情时应避开这一时间。

单独使用前列腺素进行同期发情的方法有两种。

（1）一次注射法　在掌握母牛自然发情周期的情况下，避开发情周期前期，进行一次前列腺素注射，72小时左右母牛即可发情。在不了解牛的发情周期的情况下，可在某一天给牛群注射1次前列腺素，在管理良好，情期正常的牛群，一次前列腺素注射会使70%左右的牛只发情。或者通过直肠检查法检测牛只黄体的状况，对检测到有黄体生成的牛注射前列腺素，72小时左右母牛即可发情。这一方法可使发情牛的比率增加到70%~75%，因为早期黄体如4~5天的黄体是不能被摸到的。这种方法的优点是可节省前列腺

素用量，缺点是在对大群牛群进行同期发情时，需要逐头对母牛进行直肠检查卵巢发育情况，工作量比较大。

（2）二次注射法 具体方法是间隔11天，两次注射前列腺素。在营养状况良好，无繁殖疾病的牛群中，母牛均匀地分布在发情周期的各天内，正如前面所述，大约70%的母牛在第一次注射后就会发情，而进行第二次注射时，这些母牛及第一次注射后未发情的母牛都处在对前列腺素有反应的阶段。使用这一方法会有90%~95%的牛只黄体消退并随之排卵。

二、胚胎移植

胚胎移植技术又称受精卵移植技术，就是将一头良种母畜（供体）配种后形成的早期胚胎取出，移植到另一头（或几头）同种的、生理状态相同的母畜（受体）子宫内，使之继续发育成为新个体的技术，通俗地称之为“借腹怀胎”。奶牛的胚胎移植是继人工授精之后奶牛生殖技术的又一次革命，使优良公、母牛的繁殖潜力得以充分的发挥，极大地增加了优秀母牛个体的后代数量。

（一）胚胎移植的意义和主要用途

1. 充分发挥优良母牛的繁殖潜力、加快品种改良速度 一般情况下，1头优良成年母牛1年只能繁殖1头犊牛，应用胚胎移植技术，1年可得到几头至几十头优良母牛的后代，也就是说可以使优秀母畜以超过自然繁殖数倍的速度繁殖后代，这样就大大加速了良种牛群的建立和扩大。利用传统的杂交改良方法，需要15~20年时间才能达到的水平，采用胚胎移植技术只需要1年。因此，采用这一技术已经成为许多国家实现奶牛良种化的重要手段之一。

2. 诱导母牛产双胎 对发情的母牛配种后再移植一个胚胎到排卵对侧子宫角内。这样，配种后未受胎的母牛可能因接受移植的胚胎而妊娠，而配种后受胎母牛，则由于增加了一个移植的胚胎而怀双胎。另外，也可对未配种的母牛在两侧子宫角各移植1个胚胎而怀双胎，从而提高生产效率。

此外，应用胚胎移植还可以减少肉用繁殖母牛的饲养头数，可以代替种畜的引进；保护家畜品种遗传资源的生物多样性和濒危动物资源；防止疫病传播和克服母牛不孕症。

（二）胚胎移植的生理基础

1. 母牛发情后生殖器官的孕向发育　在发情后的最初一段时期（周期性黄体期），不论卵子受精与否，母牛生殖系统均处于受精后的生理状态之下，在生理现象上，妊娠与未受胎并无区别。所以，发情后的母牛生殖器官的孕向变化，是进行胚胎移植时使不配种的受体母牛可以接受胚胎，并为胚胎发育提供各种条件的重要生理环境。

2. 早期胚胎的游离状态　胚胎在发育早期有相当一段时间（附植之前）在母牛体内是处于游离状态的。它的发育基本上靠本身储存的养分，此期尚未和子宫建立实质性联系。所以，在离开活体情况下，短时间内可以存活。当放回与供体子宫环境相同的受体子宫中，即可继续发育。

3. 不存在免疫排斥的问题　受体母牛的生殖道（子宫和输卵管）对于具有外来抗原物质的胚胎和胎膜组织，一般来说，在同一物种之内，并没有免疫排斥现象，这一点对胚胎由一个机体移植给另一个机体后而继续发育极为有利。

4. 胚胎和受体的联系　移植的胚胎，在一定时期内会和受体子宫内膜建立生理上和组织上的联系，从而保证胚胎以后的正常发育。此外，受体并不会对胚胎产生遗传上的影响，不会影响胚胎固有的优良性状。

（三）胚胎移植的主要技术环节和必须遵守的原则

1. 主要技术环节　牛的胚胎移植技术操作程序依次包括：供体

母牛的选择和超数排卵处理、受体母牛的选择和同期发情处理 、胚胎的采集和质量检查与评估 、胚胎的（冷冻）保存和培养 、胚胎移植、受体母牛的妊娠诊断等。

就每一操作步骤来说，都不是高深复杂的技术，但是由于技术环节多，一环紧扣一环，每一环节的失误都会影响最终的妊娠和产犊结果，而且时间性强，对技术操作和组织工作要求较高。

2. 必须遵守的原则

（1）胚胎在移植前后所处的环境要相同 这就要求供体和受体在分类学上属性相同，生理上同期，发情时间一致。移植的部位也应与胚胎原有的解剖部位相一致。

（2）配套移植的适宜时间 受胚胎发育期、胚胎运行到子宫的时间和黄体寿命的限制，牛的非手术移植的时间通常在发情后的6~9天。

（3）胚胎质量保障 在全部操作过程中，胚胎的质量不应受到不良影响。

（四）胚胎移植的基本程序

胚胎移植的基本程序包括供体和受体的选择、供体超数排卵与授精，受体同期发情处理、胚胎采集、质量检查评估、冷冻和移植。

1. 供体母牛和受体母牛的选择标准

（1）供体母牛的选择标准 供体牛的选择应具有重要的育种价值，需进行系谱、生产性能和体型外貌鉴定；应选择产奶量高、乳脂率高、乳蛋白率高的母牛作供体。在品种选择上以国外引进的纯种牛如荷斯坦奶牛，我国培育的优良品种如中国荷斯坦等生产性能优良的个体为主。除经济性能外还要注意其繁殖性能和体质健康状况。要求母牛生殖器官正常（子宫颈、输卵管、卵巢、子宫内环境），分娩后60天以上，过去至少有 2 个正常的发情周期，年龄在3~10岁；正常妊娠1~2次；没有难产、胎衣滞留及生殖道感染的历

史；在列入胚胎移植计划之前要进行生殖道异常情况的触摸检查。发情周期不明显、有繁殖障碍的牛，患子宫内膜炎或长期空怀的牛，不适合作供体牛。

（2）受体母牛的选择标准　受体牛一般选择生产性能相对低的土种牛或低代杂交牛。因为只有这样才能真正显示出胚胎移植所应该具有的应用价值。对受体牛一般要求有正常的发情周期，体格相对较大，膘度适中，无疾病，特别是没有繁殖疾病的健康母牛。青年母牛需16~18月龄，成年母牛年龄在2~7岁，经产母牛在分娩后60~200天，无难产、习惯性流产史。凡人工授精2次的不受胎牛不能作为受体牛。移植时受体牛和供体牛的发情间隔天数不得超过1天。在移植的前1天或者移植当天要直肠检查判定黄体的发育是否合格。

2. 受体母牛同期发情处理　同期发情处理是利用外源性孕激素或前列腺激素等人为地控制并调整受体母牛的发情周期，使其和供体母牛在同一时期发情的方法，它是胚胎移植技术的主要环节之一。具体方法参考本书同期发情部分介绍。

3. 供体母牛的超数排卵

（1）超数排卵的概念　在供体母牛发情周期的间情期（发情后的9~13天）注射外源性激素，如促卵泡素或孕马血清促性腺激素，使母牛的卵巢比自然情况下有较多的卵泡发育和排卵，称为超数排卵，简称超排。

（2）超数排卵常用的药物　促性腺激素有：促卵泡素（FSH）、促黄体素（LH）、孕马血清（PMSG）和抗孕马血清（APMSG）、前列腺素（$PGF_{2\alpha}$）、孕激素、促性腺激素释放激素（GnRH）、氯前列烯醇等。

（3）超排药物注射的一般剂量

①PMSG　育成牛2 000~2 500单位，经产牛3 000~3 500单位；

②APMSG　育成牛2 000~2 500单位，经产牛3 000~3 500单位；

③FSH-P　经产牛380单位或7~9毫克，育成牛可在经产牛的基

础上适量减少；

④氯前列烯醇　10毫克/次超排。

（4）超数排卵的方法

①PMSG+APMSG法　PMSG作为供体牛的超排药物，在很长一段时间里被畜牧工作者广泛使用，这是因为它成本低，供应量充分，具有比FSH和LH半衰期长和作用缓慢等优点。但是，PMSG有其致命的弱点，就是个体反应变异范围较大，不能保持稳定的超排效果。另外，单独使用PMSG容易造成卵巢发育过大，卵泡囊肿等多种繁殖功能病症。因此，在很长的一段时间不再使用。自从APMSG问世以后，目前国内一些单位有联合使用PMSG和APMSG超排供体牛的趋势。其方法是：根据供体牛体重大小，在发情后9~12天肌内注射PMSG 2 500~3 500单位，48小时后用$PGF_{2\alpha}$处理，再过48小时观察母牛的发情情况，在发情后的18小时，肌内注射与PMSG等量的APMSG，并同时进行人工授精，视发情时间长短，间隔12小时输精2~3次。

②FSH超排法　目前，国内外最广泛使用的是用FSH超排供体牛，其方法是在供体牛发情后的第9~13天，在发情的4天里分早、晚8次，用递减的方法肌内注射，在第三天注射时，同时使用前列腺素早、晚各1次（氯前列烯醇早3支，晚2支）。以中国科学院动物所生产的纯化FSH为例，处理剂量为：1.5毫克 、1.5毫克、1毫克、1毫克、1毫克、1毫克、0.5毫克、0.5毫克，总剂量为8毫克，一般为7~9毫克。

有人在上述方法的基础上进行了改进，即在超排注射的第五天早上再注射FSH 0.2~0.5毫克，得到了良好的超排效果。其理论依据：由于供体牛超排后卵泡数较多，在超排的第五天早上（供体牛即将发情或发情初期）再次注射FSH，支持了卵泡的充分发育和成熟，还使一些发情较晚的供体牛不会因促卵泡素不足而使卵泡退化，所以显著改善了超排的效果。

4. 供体母牛人工授精　供体母牛经超排处理后，要密切观察

其发情征候。正常情况下，供体母牛多在超排处理后12~18小时发情。在观察到母牛第一次接受爬跨站立不动后8~12小时进行第一次人工输精，间隔8~12小时后再输1次精，每次输入正常人工授精输精量的2倍。具体操作方法详见本书配种（人工授精）部分介绍。

5. 胚胎采集（采卵）　从供体母牛体内收集胚胎的方法有手术法和非手术法两种。

（1）手术法　按外科剖腹术的要求进行术前准备。手术部位位于右肋部或腹下乳房至脐部之间的腹白线处切开。伸进食指找到输卵管和子宫角，引出切口外。如果在输精后3~4天采卵，受精卵还未移行到子宫角，可采用输卵管冲卵的方法。将一直径2毫米、长约10厘米的聚乙烯管从输卵管腹腔口插入2~3厘米，另用注射器吸取5~10毫升30℃左右配制好的专用冲卵液，连接7号针头，在子宫角前端刺入，再送入输卵管峡部，注入冲卵液。穿刺针头应磨钝，以免损伤子宫内膜；冲洗速度应缓慢，使冲洗液缓慢连续地流出。如果在输精后5天进行胚胎收集，就需要做子宫角冲胚，即用10~15毫升冲卵液由宫管结合部子宫角上部向子宫角分叉部冲洗。为了使冲卵液不致由输卵管流出，可用止血钳夹住宫管结合部附近的输卵管，在子宫角分叉部插入回收针，并用肠钳夹住子宫与回收针后部，固定回收针，并使冲卵液不致流入子宫体内。

（2）非手术法　非手术采卵一般在输精后5~7天进行。可采用二通路导管的专用冲卵器。二通路冲卵器是由带气囊的导管与单路管组成。导管中一路为气囊充气用，另一路为注入和回收冲卵液用。导管中插一根金属挺杆以增加硬度，使之易于通过子宫颈。一般用直肠把握法将导管经子宫颈导入子宫角。为防止子宫颈紧缩及母牛努责不安，采卵时可在腰荐或尾椎间隙用2%普鲁卡因或利多卡因注射液5~10毫升进行硬膜外腔麻醉。操作前洗净外阴部并用酒精消毒。为防止导管在阴道内被污染，可用外套膜（有商品出售）套在导管外，当导管进入子宫颈后，扯去套膜。将导管插入一侧子宫角后，从充气管向气囊充气，使气囊胀起并触及子宫角内壁固

定，同时也防止冲卵液流失。随后抽出挺杆，经单路管向子宫角注入冲卵液，每次15~50毫升，冲洗5~6次，并将冲卵液收集在漏斗形容器中。为更多地回收冲卵液，可在直肠内轻轻提拉子宫角。用同样方法冲洗对侧子宫角。

冲卵液配制成组织培养液，如林格氏液、杜氏磷酸盐缓冲液（PBS）、布林斯特氏液（BMOC-3）和TCM-199等。常用的为向PBS中加入0.4%的牛血清白蛋白（BSA）或1%~10%犊牛血清（FSC）。冲卵液使用时温度应为35℃~37℃，每毫升要加入青霉素1 000单位，链霉素500~1 000微克，预防因冲卵造成母牛生殖道感染。

6. 胚胎检查

（1）检卵 将收集的冲卵液置于37℃恒温箱内静置10~15分钟。胚胎沉底后，移去上层液。取底部少量液体移至平皿内，静置后，在实体显微镜下先在低倍（10~20倍）下检查胚胎数量，并将找到的胚胎移入培养液中，然后在较大倍数（50~100倍）下观察胚胎。

（2）吸卵 吸卵是为了移取、清洗、处理胚胎，要求目标准确，速度快，带液量少，无丢失。吸卵可用5~10微升微量加样器或1毫升的注射器装上特别的吸头进行，也可使用自制的吸卵管吸取胚胎。

7. 胚胎质量鉴定 正常发育的胚胎，应为胚胎发育阶段与胚龄相一致，细胞（卵裂球）外形整齐，大小一致，分布均匀，外膜完整，轮廓清晰规则。无卵裂现象（未受精卵）和异常卵（外膜破裂、卵裂球破裂、卵裂球明暗不一致等）都不能用于移植。一般情况下，将牛胚胎质量好坏分为A、B、C 3个等级。

（1）A级 胚胎形态完整，轮廓清晰，呈球形，分裂球大小均匀，结构紧凑，色调和透明度适中，无附着的细胞和液泡或很少（少于10%）。

（2）B级 轮廓清晰，色调及细胞密度良好，可见到一些附着

的细胞和液泡，变性细胞占10%~30%。

（3）C级 轮廓不清晰，色调发暗，结构较松散，游离的细胞或液泡较多，变性细胞达30%~50%或仅有一小团内细胞存活。

胚胎的等级划分还应考虑到受精卵的发育程度。发情后第七天回收的受精卵在正常发育时应处于致密桑椹胚至囊胚阶段。凡在16细胞以下的受精卵都不能使用。

8. 胚胎的冷冻保存 目前，常用的胚胎冷冻方法主要有如下两种。

（1）常规冷冻法 此方法利用胚胎冷冻仪固定的程序对获得的胚胎进行冷冻。冷冻时先将胚胎移入磷酸缓冲盐溶液（PBS）+20%胎牛血清（FCS）中，然后在PBS+20%FCS+10%甘油或乙二醇（EG）+0.25摩（M）蔗糖的冷冻液中停留15分钟，装入冷冻管置于胚胎冷冻机中进行冷冻保存。冷冻程序为：−7℃下停留10分钟，在此期间5分钟后进行人工制冰，然后以0.3℃/分的速度降温至−30℃，然后将冷冻管投入液氮中保存。

（2）细管玻璃化冷冻方法 此方法为快速冷冻保存法。冷冻液（VS）有如下两种。

①VSI TCM199−Hepe缓冲液+20%FCS+10%EG+10%二甲基亚砜（DMSO）

②VSII TCM199−Hepe缓冲液+20%FCS+20%EG+20%DMSO

冷冻时胚胎在VSI中停留1分钟，在VSII中停留25秒钟，然后以2微升的体积吸入细管内投入液氮。整个操作过程保温于38℃。

9. 胚胎移植 牛胚胎的移植方法分为两种，一种是手术法，另一种是非手术法，由于手术法技术难度较大，并有可能发生术后粘连及感染等缺点，目前广泛采用的是非手术移植法。胚胎移植的关键是供体母牛和受体母牛具备相同的生理期，通常是将供体母牛发情配种后第七天的胚胎移植到发情后6~8天的受体母牛体内。在移植前首先是对合格的胚胎进行清洗和装管，一般用0.25毫升细管，三段液体夹二段空气，中段液体中放胚胎，胚胎的位置可稍靠近出口端，以便于推出。

移植操作步骤：方法类似于牛的人工授精。人工授精一般是将精液输入子宫体，而胚胎移植是将胚胎输入子宫角前端，这就要求操作时要比人工授精更加严格，仔细谨慎。首先要确认卵巢上是否有黄体。通过直肠检查，如果两侧卵巢大小不等，而且在大的一侧卵巢上有黄体，且较硬，方可进行移植，有的黄体摸不到，但卵巢比另一侧大很多，而且卵巢很硬，这时黄体有可能是被卵巢包围在里面。移植具体操作时先将手插入直肠掏出粪便，握住子宫颈，然后由助手扒开阴唇，术者的另一只手将移植器送入阴道，达到子宫颈外口时顶开防污染塑料外套，进入子宫颈时要两手配合，调整移植器的角度使其顺利通过子宫颈，通过子宫颈后将直肠内的手移到子宫体，随着移植器的前移，在直肠内的手也沿子宫角前移，轻轻地感觉移植器前端在子宫角中的位置，在不损伤子宫内膜的情况下，尽可能地将胚胎移入子宫角深部，这样可得到理想的受胎率。将胚胎移入子宫角深部可以使胚胎发出识别信号，抑制子宫产生前列腺素，这样黄体就不会被溶解，从而有利于胚胎着床。当移植器的前端达到子宫角的理想部位后，用直肠内的手轻轻提起子宫角，慢慢将胚胎注入，然后缓缓抽出移植枪。

10. 胚胎移植所用的药品、器具　新洁尔灭消毒液、碘酊、酒精棉球，注射器（5毫升、10毫升），2%利多卡因或2%普鲁卡因注射液，长臂一次性塑料手套、酒精灯、温度计、广口瓶、卫生纸、带光源连续变倍实体显微镜（10~40倍）、移植枪、移植枪塑料硬外套、一次性无菌塑料软外套等。

11. 受体母牛的妊娠诊断　对受体母牛进行妊娠诊断的常用方法有外部观察法、阴道检查法、直肠检查法和其他检查方法。

（1）外部观察法　观察胚胎移植后的受体母牛是否发情，如果被移植的母牛不发情则判定可能妊娠。母牛妊娠3个月后，性情会变得温顺、安静，食欲增加，体况变好；妊娠6个月后，母牛腹围有所增大，观察其右下腹可见到胎动，乳房发育明显。

（2）**阴道检查法**　生产实践中常把母牛阴道的一些生理变化作为妊娠诊断的依据之一，主要通过观察阴道黏膜色泽、黏液性状及子宫颈的性状和位置变化进行综合判断。

①阴道黏膜色泽　母牛妊娠后，阴道黏膜由粉红色变为苍白色，无光泽，表面干燥。

②黏液性状　母牛妊娠2个月后，子宫颈附近会出现浓稠黏液，妊娠3~4个月后，黏液量增加且变得更加浓稠似糊状。此时，因阴道收缩插入开膣器时感觉有阻力。

③子宫颈变化　母牛妊娠后，子宫颈口紧闭，同时被灰暗浓稠的液体封闭而形成子宫栓。子宫颈口的位置一般会随着妊娠时间的增加从阴道正中向下方移位，有时也会偏向一侧。

（3）**直肠检查法**　直肠检查法是判定母牛是否妊娠的可靠方法，同时还可以确定大致日期、妊娠内发情、假妊娠、某些生殖器官疾病及胎儿死活等情况，因而在生产实践中得到广泛应用。

①母牛妊娠1个月　触摸时孕侧卵巢增大且会有较大的黄体突出于表面；同时，孕侧子宫角增粗，质地松软，收缩微弱或不收缩，稍有波动；而未受胎侧子宫角收缩反应明显，有弹性且角间沟明显。

②母牛妊娠2个月　孕侧子宫角显著增粗，约为未孕子宫角的2倍，有波动，角间沟不明显，但分叉尚能分辨。

③母牛妊娠3个月　子宫颈已转移到耻骨前缘，子宫开始沉入腹腔，孕侧子宫角波动明显，可触摸到蚕豆大小的子叶，角间沟已分辨不清楚。同时，孕侧子宫中动脉开始有特异波动。

除了上述常用的妊娠诊断方法外，还有激素反应法、孕酮水平测定法、碘酊法等其他检查方法。激素反应法是在母牛胚胎移植后20天前后，用己烯雌酚10毫克进行一次肌内注射。已妊娠的母牛无发情表现，未妊娠的母牛则第二天表现出明显的发情。孕酮水平测定法是通过测定母牛血液或乳汁中孕酮的含量来确定其是否妊娠。碘酊法是取胚胎移植后20~30天的母牛鲜尿10毫升于试管中，然后

滴入2毫升7%碘酊溶液，充分混合后静置5~6分钟观察试管溶液变化，呈现暗紫色则说明母牛已妊娠，稍带碘酊色或不变色则说明母牛未妊娠。

12. 妊娠的受体母牛的饲养管理　①对已妊娠的受体要加强饲养管理，避免应激反应。②妊娠受体在产前3个月要补充足量的维生素、微量元素，适当限制能量摄入，既要保证胎儿的正常发育，又要避免难产。③根据当地的疾病发生情况，有目的地注射一些疫苗，以防胎儿流产或传染病发生。

（五）胚胎移植技术在高寒地区的应用特点

1. 高寒地区牛的发情特点　高寒地区由于无霜期较短，冬季寒冷漫长，缺乏青绿饲料，因此在传统的放牧状态下，母牛往往是季节性发情，常年放牧的牛群大多集中在3~4月份产犊，6~8月份发情配种，此时牧草生长繁茂，母牛的体况可以得到恢复。由于饲养管理状况的改善，棚舍（暖舍）建设的加强，加之冬季的牛奶价格明显高于夏季等原因，所以在重点奶源区，奶牛发情没有明显的季节性，奶牛的繁殖状况有了明显的变化，已经基本达到常年配种。在暖舍中饲养的奶牛大多在3~4月份发情配种，而到7~8月份全群母牛发情就已经基本接近尾声。

2. 胚胎移植技术在高寒地区的应用　我国胚胎移植技术商业化大量应用于畜牧业生产是近十几年的事情，特别是2002年由国家农业部组织实施的“全国万枚牛胚胎移植富民工程”得以在我国内蒙古东部等省份和地区开展，这项工程的开展将对这些地区的奶牛业发展起到了极大推动作用。目前在高寒地区高产奶牛的饲养头数和发达地区相比仍然较少，大部分还是产奶量较低的杂交牛。由于良种牛少，生产效率低，草场资源浪费很大。因此，就胚胎移植技术本身而言，在这一地区开展应用将获得更大的经济效益和社会效益。

第八章

秸秆加工制作实用技术

为充分利用种植业生产中的秸秆，调节养殖业中因草食家畜的季节饲草供应带来的不平衡，彻底解决因焚烧秸秆带来的空气污染等，是当前种植业生产发达地区以及周边空气环境治理和秸秆转化等亟需解决的重要问题。要充分发挥草食家畜的转化功能，缓解饲草季节性紧张，秸秆加工制作就显得尤为重要。

秸秆来源非常广泛。如稻草、麦秸、玉米秸、豆秸等含纤维素为31%~45%，含蛋白质少（豆科8.9%~9.6%，禾本科为4.2%~6.3%），钙、磷含量少，钾含量多。饲喂时应有足够的营养补充。为了提高秸秆有机物的利用率和消化率，常采取粉碎、切短和必要的处理等。目前，秸秆青贮、黄贮（氨化、盐化）和微贮大多应用于肉牛养殖，奶牛生产中较少使用，仅作参考了解。

一、青贮饲料

青贮是指农作物青秸秆加工后通过控制发酵，使其在多汁状态下保存下来的方法。青贮饲料即是用这种控制发酵法生产的饲料。

含糖量较高的玉米茎叶（全株玉米）、高粱茎叶、甜菜、胡萝卜和禾本科牧草都可用来制作青贮饲料。

（一）青贮原料来源

在广大的农村牧区，凡是无毒、无害的绿色植物和秸秆等，都是调制青贮的好原料。如玉米、高粱、小麦、燕麦、大麦、水稻秸秆等。

（二）青贮饲料的优点

1. 营养损失少 青贮饲料在制作过程中，可以较多地保存农作物青秸秆中含有的养分。在保存良好的青贮饲料中，养分损失一般为3%~10%，保持青鲜状态的青贮饲料含水分60%~70%，并能保存大量的维生素，其中胡萝卜素几乎不受损失；而将农作物青秸秆在成熟后晒干，养分损失则高达30%~45%。

2. 适口性好 质量良好的青贮饲料其质地柔嫩，略带芳香和酸味，适口性好，牛、羊等草食家畜喜食。

3. 易于保存 在青饲料缺乏的冬季，青贮饲料是替代青饲料最主要的饲料，由于可长期贮存，可长时间用于饲喂，是奶牛和肉牛的优质饲料。在容积方面，每立方米干草垛为70千克，而每立方米青贮饲料可达500~700千克。

4. 有净化作用 青贮过程中，经过发酵可杀死寄生在秸秆上准备越冬的许多害虫的幼虫及虫卵。许多杂草种子，经过发酵后就失去了发芽能力。

二、青绿饲料

（一）青绿饲料的种类

用于饲喂牛的青绿饲料品种很多，常用的有苜蓿草、花生秧、

白薯秧、青玉米秸、青大麦、青燕麦、蔬菜类、水生植物（如水葫芦）和野生青草等。

（二）青绿饲料的优点

这类饲料的特点是含水分多，占75%~90%，含干物质较少，仅为5%~10%，营养价值较低，但含有丰富的维生素和钙质。幼嫩的青饲料因含纤维素少，柔软，青新，适口性好，牛爱吃。青饲料中还含有酶、激素和有机酸等，故有助于机体对饲料的消化和吸收。

（三）饲喂青绿饲料应注意的问题

1. 防止饲喂过量　饲喂青绿饲料时应特别注意控制饲喂量，否则，当饲喂量过大，牛对其他营养物质的采食量会减少，结果造成能量不足。在饲喂青绿饲料时，日粮中必须补充足够的能量物质。

2. 防止个别植物本身中毒　高粱、玉米、木薯、苜蓿、蔬菜等新鲜植物均含有不同含量的氰苷配糖体，通过植物自身体内脂解酶的作用，使氰苷配糖体产生氢氰酸，所以在饲喂时，应注意防止饲喂过量导致中毒。豆科青草如苜蓿等，在饲喂时应控制喂量，每次喂量不宜过多，防止发生瘤胃臌气。

3. 防止农药中毒　刚喷洒过农药的蔬菜、青玉米及田间的杂草，不能立即用来饲喂牛，以防农药中毒。喷洒过农药的植物必须经过 1 个月的药效衰减，使植物叶茎上的药物残留量降低或药效消失后才可饲喂。

三、精 饲 料

牛的精饲料包括能量饲料和蛋白质饲料。

（一）能量饲料

能量饲料是指含无氮浸出物和总消化养分多（粗纤维含量低

于18%，蛋白质含量低于20%）的饲料。主要包括玉米、高粱、大麦、燕麦等。

1. 玉米　玉米含淀粉多，是能量含量最高的一种饲料，也是牛饲喂时主要的精饲料之一，在育肥时要保证充足供给。玉米中含粗蛋白质少，平均为8.9%。玉米中含有不饱和脂肪酸，磨碎的玉米易酸败变质，不能长久贮存，因此磨碎的玉米应及时饲喂，特别是在潮湿的季节或地区，应现用现磨碎。

2. 高粱　高粱中蛋白质含量为8%~16%，平均为10%。高粱含单宁酸多，有苦涩味，适口性较差，喂量不能过多，否则易引起粪便干燥。

3. 大麦　大麦的粗纤维含量为7%，粗蛋白质含量为12%~13%，其中含蛋氨酸、色氨酸和赖氨酸较多。大麦外壳坚硬，喂前必须压扁，但不能磨细，否则会降低适口性。

（二）蛋白质饲料

蛋白质资料是指在绝对干物质中粗纤维含量低于18%、粗蛋白质含量为20%以上的饲料。包括豆类，饼粕类和动物性饲料。

1. 大豆　大豆是最常用的一种蛋白质补充饲料。以干物质计算，大豆中蛋白质含量为40%~50%，粗纤维5%，钙、磷含量较高。

2. 棉籽饼　棉籽饼分去壳与未去壳两种。蛋白质含量为33%~40%。因其氨基酸成分含量不如豆饼，在生产中常与豆饼配合饲喂。在缺少大豆饼的情况下，棉籽饼可以代替豆饼，但应控制喂量，防止棉酚在体内蓄积而引起中毒。

3. 花生饼　花生饼分带壳与不带壳两种。花生饼中蛋白质含量为38%~43%，粗纤维含量为7%~15%。由于花生饼略有甜味，适口性好，在饲喂时采食过多，易引起腹泻。花生饼易受潮变质，不易贮存，在南方和潮湿的季节要注意防潮或采取随进随喂方式，防止因环境潮湿导致贮存的花生饼发霉造成损失。变质的花生饼易产生黄曲霉毒素，用变质的花生饼饲喂牛容易引起中毒。

4. 葵花饼　去壳葵花饼的粗蛋白质含量为24%~44%，粗纤维为9%~18%；不去壳的蛋白质含量约为17%，含粗纤维约为39%，与其他饼类饲料配合，可提高葵花饼的消化率。

5. 菜籽饼　菜籽饼因具有辛辣味，适口性差。饲喂时，应控制喂量，过多饲喂时易引起中毒。不要用菜籽饼饲喂犊牛和妊娠母牛。

6. 亚麻饼（胡麻饼）　胡麻饼是一种优质蛋白质饲料。含粗蛋白质34%~38%，粗纤维为7%，钙为0.4%，磷为0.83%。胡麻饼中所含的黏性物质能吸收水分而膨胀，在瘤胃中停留时间延长，有利于充分消化吸收；黏性物质能润滑胃肠壁，保护胃肠黏膜，还有防止便秘的作用。

7. 豆腐渣　豆腐渣干物质中粗蛋白质含量高，适口性好，因含水分高，易酸败，不能存放，也不宜过多饲喂，避免腹泻。

四、秸秆饲料的加工与调制

（一）青贮饲料

1. 青贮设施　通常采用的青贮设施有青贮窖、青贮壕、青贮塔和地面堆贮等。青贮设施应选在地势高燥、土质坚实、地下水位低、靠近畜舍的地方，注意要远离水源和粪坑。塑料袋装的青贮应存放在避光、取用方便的地方。青贮设施内部表面应光滑平坦，四周不透气、不漏水、密封性好。

（1）青贮壕　青贮壕一般有地下式和半地下式两种。实践中多采用地下式，以长方形的青贮壕为好，壕的边缘要高出地面50厘米左右，以防止周边的雨水浸入。在青贮壕填装时青贮料要高出壕沿上端50厘米左右并压实。在地下水位高的地方采用半地下式，最好用砖石砌成永久性壕，以保证密封性能和提高青贮效果。青贮壕的优点是便于人工或机具装填压紧和取料，对建筑材料要求不高，造价低；缺点是密封性较差，养分损失较多，需耗较多劳力。

（2）青贮窖　青贮窖可分为地下式和半地下式两种。青贮窖和青贮壕结构基本相似，一般用砖石砌成，窖深3~4米，上大下小，底部呈弧形，窖容积为10~30米^3。

（3）青贮塔　用砖和水泥建成的圆形塔。高12~14米，直径3.5~6米。在一侧每隔2米留0.6米×0.6米的窗口，以便装取饲料。有条件的地方用不锈钢、硬质塑料或水泥筑成永久性大型塔，坚固耐用，密封性好。塔内装满饲料后，发酵过程中会有液汁产生，这些液汁会受自重和秸秆的挤压而沉向塔底，底部设有排液装置。塔顶设置呼吸装置使塔内气体在青贮饲料膨胀和收缩时保持常压。取用青贮饲料通常采用人工作业和机械作业等多种方式。

（4）青贮袋　一般选用塑料袋青贮。规格为宽80~100米、厚0.8~1毫米的塑料薄膜，以热压法制成约200米长的袋子。可装料200~250千克，但为了便于运输和饲喂，一般装填原料不超过150千克。原料含水量应控制在60%左右，防止因含水量过高造成袋内积水。此法优点是省工、投资少、操作方便和存放地点灵活，且养分损失少，还可以商品化生产。

（5）草捆青贮　用打捆机将新收获的玉米青绿茎秆打捆，利用塑料密封发酵而成，含水量控制在65%左右。草捆青贮主要有3种形式：一是草捆装袋青贮。将秸秆捆后装入塑料袋，系紧袋口密封堆垛。二是缠裹式青贮。用高拉力塑料缠裹成捆，使草与空气隔绝，内部残留空气少，有利于厌氧发酵。这种方法免去了装袋、系口等手续，生产效率高，便于运输。三是堆式圆捆青贮。将秸秆压成紧垛后，再用大块结实塑料布盖严，顶部用土或沙袋压实，使其不能透气。但堆垛不宜过大，每个秸垛打开饲喂时，需在1周之内喂完，以防二次发酵变质。

（6）地面青贮

①方法一　在地下水位较高的地方采用砖石结构的地上青贮窖，其壁高2~3米，顶部隆起，以免受季节性降水（雪）的影响。通常是将饲草逐层压实，顶部用塑料薄膜密封，然后堆垛并在其上

压以重物。

②方法二　将青贮原料按照青贮操作程序堆积于地面，压实后，用塑料薄膜封严垛顶及四周。此方法应选择地势较高而平坦的地块，先铺垫一层旧塑料薄膜，再铺一块稍大于堆底面积的塑料薄膜，然后在塑料上堆放青贮原料，逐层压紧，垛顶和四周用完整的塑料薄膜覆盖，四周与垛底的塑料薄膜重叠封闭，再用真空泵抽出堆内空气使呈厌氧状态。塑料外面用草苫覆盖保护。

2. 青贮饲料的调制

（1）适时收割　优质的原料是调制优良青贮饲料的物质基础。青贮饲料的营养价值，除与原料的种类和品种有关外，还受收割时期的直接影响。适时收割能获得较高的收获量和较高的营养价值。从理论上说，玉米的适宜收割期在抽穗期前后，但收割适期仍要根据实际需要，因地制宜通过试验适时收割。专用青贮玉米即带穗全株青贮玉米，过去提倡采用植株高大、较晚熟品种，在乳熟期至蜡熟期收割。现在多采用在初霜期来临前能够达到蜡熟末期并适宜收获的品种。在蜡熟末期收获虽然消化率有所降低，但单位面积的可消化养分总量却有所增加（表8-1）。这是因为在收获物中增加了营养价值很高的子实部分。早熟品种干物质中籽粒含量为50%，中熟品种为 32.8%，晚熟品种只有25%左右。籽粒作粮食或精饲料、秸秆作青贮原料的兼用玉米，多选用在籽粒成熟时其茎秆和叶片大部分呈绿色的杂交种，在蜡熟末期及时采摘果穗，抢收茎秆青贮。

表 8-1　青贮玉米不同收获期的营养成分及消化率　（%）

收获期	干物质	粗蛋白质		粗脂肪		粗纤维		无氮浸出物	
		成分	消化率	成分	消化率	成分	消化率	成分	消化率
抽穗期	15.0	1. 6	61	0.3	69	4.6	64	7.8	15.0
乳熟期	19.9	1. 6	59	0.5	73	5.1	62	11.6	19.9
蜡熟期	26.9	2. 1	59	0.7	79	6.2	62	11.6	26.9
完熟期	37.7	3.0	58	1.0	78	7.8	62	24.2	37.2

（2）调节水分含量 青贮原料的水分含量是决定青贮成败最重要的因素之一。一般青贮料的调制，适宜含水量为70%左右。刈割后直接青贮的原料水分含量较高，可加入干草、干秸秆等或稍加晾晒以降低水分含量。谷物秸秆含水量低，可加水或与新割的嫩绿原料混合填装，以调节水分含量。测定青贮原料含水量的方法，一般是以手抓法估测大致的含水量。将切碎的不超过1厘米的原料在手里握成团，当松开手时若草团慢慢散开，无汁液或渗出很少的汁液，含水量即在70%左右。

（3）切碎和填装 将原料切碎，便于压实增加窖中贮存饲料的密度，使植物细胞渗出汁液润湿饲料表面，同时使糖分排出，有利于乳酸菌的繁殖和青贮饲料品质的提高。切碎还可减少原料间隙中的空气含量，提高青贮窖的空间利用率。此外切碎还便于取用和牛采食。带果穗全株青贮，在切碎过程中可将籽粒打碎，以提高饲料利用率和营养价值。原料切碎的程度可视原料的粗细、硬度、含水量等决定。饲喂牛可将秸秆切成0.5~2厘米为宜。切碎工具有青贮联合收割机、青饲料切碎机和滚筒铡碎机等。

青贮原料入窖前，要清洁青贮设施。装填青贮原料要快捷迅速，避免空气将饲料中营养成分分解而导致腐败变质。一个青贮窖设施在装填青贮原料时，要在1~2天装填压实，填装时间越短，青贮品质就越好。青贮窖（壕）的底部可铺一层10~15厘米厚的切短的干秸秆或软干草，以便吸收青贮汁液，同时也能防止短秸秆刺破薄膜，导致漏水。窖壁四周也要衬一层塑料膜，以加强密封性能和防止漏渗水。原料装入圆形青贮设备时，要一层一层均匀铺平；如为青贮壕，可酌情分段依序装填。

（4）贮料压实 青贮壕装填原料时，须用履带式拖拉机或用人力层层压实，尤其要注意周边部位。越压紧越易造成厌氧环境，有利于乳酸菌的活动和繁殖。在压实过程中要注意清洁，不要带进泥土、油垢等，以免污染青贮原料。特别要禁止铁钉、铁丝混进青贮料中，避免牛食后造成瘤胃穿孔。有条件的地区可以采用真空青贮技术，即在密封条件下，将原料中的空气用真空泵抽出，为乳酸菌繁殖创造厌氧环境条件。

（5）密封与管理　原料装填完毕后，立即密封覆盖，以防止空气与原料接触和雨水进入。当原料装填压紧与窖口齐平时，中间可略高一些，在原料上面盖一层10~20厘米厚的切短的秸秆，覆盖薄膜，再覆上30~50厘米的细土，踩踏成馒头形。密封后须经常检查，发现漏气要及时修补以杜绝透气并防止雨水渗进窖内。

（6）开窖使用　饲料经过青贮40~60天后即可使用。每次使用时最好从上向下取，不要挖成深坑，以免青贮饲料发生二次发酵而造成过多的营养损失。窖一旦打开就要连续取用，要一层层向下取料，保持一个平面，每次至少要取出6~7厘米厚度的青贮料。如必须停止饲喂，就要按照原有方法重新密封好，否则会造成青贮饲料的品质和气味发生变化。

（7）青贮饲料的品质鉴定　优质青贮具有以下特征：酸香可口、芳香无丁酸味或强酸味；茎叶构造良好；色泽呈绿色或淡黄色；水分均匀；pH值为 3~4；干物质含量在25%以上（表8-2）。

表 8-2　青贮饲料的品质鉴定

气　　味	评定结果	可饲喂的家畜
具有酸香味，略有醇酒味，给人以舒适的感觉	品质良好	各种草食家畜
香味极浓或没有，具有强烈的醋酸味	品质中等	除妊娠母牛及幼畜以外的草食家畜
具有一种特殊的臭味，并且腐败发霉	品质劣等	不宜任何家畜

①颜色

品质良好——绿色或黄绿色；

品质中等——黄褐色或暗绿色；

品质劣等——褐色或黑色。

在高温发酵条件下制成的青贮饲料多呈褐色，如果酒香味较浓，仍属优质青贮饲料。

②质地结构

品质良好——柔软略带湿润，茎叶保持原来状态；

品质中等——松散、干燥、粗硬；

品质劣等——发黏、腐烂。

青贮饲料是优质多汁饲料，经过短期训饲，牛均喜采食。对个别牛的训饲方法可在空腹时先喂青贮饲料（最初少喂，逐步增多），然后再喂草料；或将青贮饲料与精饲料混拌后先喂，然后再喂其他饲料；或将青贮饲料与草料拌匀同时饲喂。孕牛宜少喂，产前应停喂，防止引起流产，不可喂冰冻的青贮饲料。取出的青贮料应当天用完，不宜留置过夜，以免变质。

（二）秸秆微贮

秸秆微贮就是把农作物秸秆加入微生物高效活性菌种，放入一定的密封容器（如水泥池、土窖、缸、塑料袋等）中或地面发酵，经一定的发酵过程，使农作物秸秆变成带有酸、香、酒味，牛喜爱的饲料。因为它是通过微生物使贮藏的饲料进行发酵，故称微贮。农作物秸秆经微生物发酵贮存制成的优质饲料称作秸秆微贮饲料。该法具有成本低、效益高、适口性好、采食量高、消化率高、制作容易、贮存时间长、利于工业化生产等特点，对于开发秸秆资源，进一步加快节粮型草食家畜的发展，推动生态健康养殖具有划时代意义，可以取代早期秸秆氨化、碱化方法。

1. 微贮设施 微贮可用水泥池、土窖，也可用塑料袋。水泥池是用水泥、黄沙、砖为原料在地下砌成的长方形池子，最好砌成两个相同大小的，以便交替使用。这种池子的优点是不易进水、进气，密封性好，经久耐用，成功率高。土窖的优点是：土窖成本低，方法简单，贮量大。但要选择地势高、土质硬、向阳干燥、排水容易、地下水位低的地方，在地下水位高的地方不宜采用。水泥池和土窖的大小应根据需要量设计建筑，深度以2米为宜。

2. 菌种复活　秸秆发酵活杆菌每袋3克，可处理麦秸、稻草、玉米秸1吨或青绿秸秆2吨（如干酪乳杆菌、植物乳杆菌可按照说明使用，同时要遵守国家有关规定，不得使用禁止添加的添加剂或药物）。

（1）菌液复活　先将菌剂倒入200毫升水中充分溶解，然后在常温下放置1~2小时，使菌种复活（复活好的菌种一定要当天用完，不可隔夜）。

（2）菌液的配制　将复活好的菌液倒入充分溶解的0.8%~1%食盐水中拌匀。请按表8-3用量计算。

表 8-3　菌液各成分配制比例

种　类	重量（千克）	活杆菌（克）	食盐（千克）	自来水（升）	贮量含水（%）
稻、麦秸	1000	3.0	9~12	1200~1400	60~70
黄玉米秸	1000	3.0	6~8	800~1000	60~70
青玉米秸	1000	1.5	5	适量	60~70

（3）秸秆切短　用于微贮的秸秆一定要切短，长度在5~8厘米，这样易于压实和提高微贮窖的利用率及保证贮料的制作质量。

（4）喷洒菌液　将切短的秸秆铺在窖底，厚20~25厘米，均匀喷洒菌液，压实后再铺20~25厘米厚的秸秆，再喷洒菌液，压实，直到高于窖口40厘米，再封口。如果当天装窖没装满，可盖上塑料薄膜，第二天再装窖时揭开塑料薄膜继续装填。

（5）加入玉米粉等营养物质　因麦秸和稻草的营养成分较低，直接饲用价值也相对较低，在微贮麦秸和稻草时应加5%的玉米粉、麸皮或大麦粉，以提高微贮饲料的饲用质量。加入麦粉或玉米粉、麸皮时，铺一层秸秆撒一层粉，再喷洒一次菌液。

（6）水分的控制与检查　微贮饲料的含水量是否合适，是决定微贮饲料好坏的重要条件之一。因此，在喷洒和压实过程中，要

随时检查秸秆的含水量是否合适，各处是否均匀一致，特别要注意层与层之间水分的衔接，不要出现夹干层。含水量的检查方法是：抓取秸秆试样，用双手扭拧，若有水往下滴，其含水量为80%以上；若无水滴、松开后看到手上水分很明显，为60%~70%；若手上有水分（反光），为50%~55%；感到手上潮湿，为40%~45%；不潮湿则在40%以下，微贮饲料含水量要求在60%~65%最为理想。

（7）封窖　当秸秆分层压实到高出窖口40厘米时，充分压实，在最上面一层均匀撒上食盐粉，再压实后盖上塑料薄膜。食盐的用量为每平方米250克，其目的是防止微贮饲料上部发生霉烂变质。盖上塑料薄膜后，在上面铺20~30厘米厚的秸秆，覆土15~20厘米厚，密封。秸秆微贮后，窖池内贮料会慢慢下沉，应及时加以覆盖封严，并在周围挖好排水沟，以防雨水渗入。

（8）开窖　开窖时应从窖的一端开始，先去掉上边覆盖的部分土层，然后揭开薄膜，从上至下垂直逐段取用。每次取完后，要用塑料薄膜将窖口封严，尽量避免与空气接触，以防二次发酵和变质。微贮饲料因长度在5~8厘米，在饲喂前最好再用高湿度茎秆揉碎机进行揉搓，使其成细碎丝状物，以便进一步提高牲畜的消化率。

（9）饲喂微贮饲料的方法　在气温较高的季节封窖21天，气温较低季节封窖30天，即可完成微贮发酵（-10℃以下不可进行微贮）。开窖后，首先要做质量检查，优质的微贮饲料色泽金黄，有醇厚的果酸香味，手感松散、柔软、湿润；如呈褐色，有腐臭或发霉味，手感发黏，或结块或干燥粗硬，则可判定为质量差，不能饲喂。开窖、取料、再盖窖等操作和注意事项与氨化饲料相同，但取后不须晾晒，可当天取当天用。给牛饲喂时，可与其他饲料和精饲料搭配使用，要按照循序渐进逐步增加喂量的原则饲喂。喂微贮饲料要特别注意日粮中食盐的用量，因在微贮中已加入食盐，每千克微贮麦（稻）秸中约含食盐4.3克，连同最上层撒的食盐，每千克约含4.7克。每千克微贮干玉米秸中约含食盐3.7克，连同上层撒的食盐，每千克约含4.1克。再根据每日喂微贮料的重量，计算出其中食盐的重

量，从日粮中将其扣除。

饼类饲料对牛的毒性及解毒措施，见表8-4。

表 8-4　饼类饲料对牛的毒性及解毒措施

名　称	抗营养因子	毒性作用	解毒措施
大　豆	蛋白酶抑制剂、致甲状腺肿素、生氰素、抗维生素、金属结合因子和植物性血细胞凝素	影响适口性、消化性和生理过程，发生腹泻，增重缓慢	加热，如蒸煮、发芽、发酵、热炒等可减少毒性
大豆饼	低温制饼，可存在尿素酶、胰蛋白酶、抑制因子	影响适口性，消化性和生理过程，发生腹泻，增重缓慢	加热至110℃，3分钟可使其活性消失
棉籽饼	棉酚和环丙烯脂肪酸	表现：腹泻，黄疸，目盲，脱水，酸中毒，犊牛佝偻病	①控制喂量，增加日粮蛋白质；②热水浸泡；③加热1小时；④补充硫酸亚铁、维生素A、钙
亚麻籽饼	亚麻苦苷	引起组织缺氧，表现：流涎，腹痛，臌气和腹泻	①控制喂量；②将其浸泡后再蒸煮10分钟后饲喂
花生饼	易污染黄曲霉菌，可产生黄曲霉毒素，促使中毒。致癌的亚硝胺抑制体内合成蛋白质，扰乱新陈代谢	表现：食后引起腹泻，毒素对幼畜毒害大，通过牛奶危害人体，有致癌性	加强保管，防止霉败，用低温、干燥和加入适量化学防霉剂，可防止霉菌污染
蓖麻籽饼	蓖麻毒素和蓖麻碱	引起中毒性肝炎，肾炎，出血性胃肠炎，流产和呼吸中枢、血管运动中枢麻痹	①加强蓖麻子实保管；②加热至60℃~70℃去毒；③10%食盐水浸泡6～10小时再喂；④中毒牛的奶中含蓖麻毒素，不能饮用
菜籽饼	硫代葡萄糖苷经芥子酶水解成异硫氰酸盐和噁唑烷硫酮	毒害肝脏和甲状腺，引起牛流涎，不安，胃肠炎，腹泻，心力衰竭死亡	①控制喂量；②日粮中补加磷；③中毒后可用葡萄糖、抗生素、镇静剂治疗

第九章
奶牛场废弃物处理及综合利用

随着奶牛饲养规模的不断扩大，奶牛场产生的废弃物对环境的污染问题也日益严重。大型奶牛场粪便等废弃物污染问题突出已经成了企业规模化发展的瓶颈，同时也对人类生存环境造成了污染，规模化奶牛场的粪便污染治理迫在眉睫。

一、奶牛场废弃物的种类及对环境的影响

小规模家庭散养农户奶牛粪便和养殖污水一般经过及时处理及土壤消纳，对环境影响不严重。在对城郊畜牧业的布局时忽视了大量粪便对环境造成的污染，同时也考虑到城市的供应问题，奶牛场大多布局于城市郊区，由于多年的粪尿、污水产量集中排放和积累，土地的常规消纳已经难以完成，规模化奶牛场的粪便污染已经严重影响到了土壤、地下水及空气。有数据显示，1个400头成年母牛的奶牛场，加上相应的犊牛和育成牛，每天排粪30~40吨，全年产粪1.1万~1.5万吨，如果全部用作肥料，需要253.3~333.3公顷土地才能正常消纳。

（一）奶牛场废弃物的种类

奶牛场所产生的废弃物主要有奶牛粪尿、冲洗污水、有害气体（NH_3、H_2S、NO、SO_2、NO_2等）、病死牛及医疗废弃物等。

1. 粪尿污水　奶牛场所产生的废弃物最主要的是粪尿及污水。据有关数据表明，1头500~600千克的成年奶牛，每天排粪量30~50千克，排尿量15~25千克，污水15~20升。奶牛粪尿中主要污染物有生物需氧量（COD_{cr}）、化学需氧量（BOD_5）、氨态氮（NH_3–N）、总磷（TP）、总氮（TN）等，其平均含量见表9-1。规模化奶牛场污水主要来源于奶牛每天产生的大量尿液和各类牛舍、挤奶厅的清洗废水。

表 9–1　奶牛粪尿中污染物平均含量　（千克 / 吨）

污染物	COD_{cr}	BOD_5	NH_3–N	TP	TN
牛　粪	31.00	24.53	1.71	1.18	4.37
牛　尿	6.00	4.00	3.47	0.40	8.00

（张佩华等，2006）

2. 病死奶牛　因病死亡的奶牛体内会带有大量致病微生物，如不及时进行无害化处理，任其腐烂发臭，病原体会随水流、空气到处扩散，不仅污染环境，而且极易引起人、畜疫病的流行。

3. 医疗垃圾　医疗垃圾是指奶牛场在对奶牛进行医疗、疾病预防、保健及其他相关活动中产生的具有直接或间接感染性、毒性及危害性的废弃物，如一次性针头针管，一次性塑料盘，输液袋、输液瓶、输液管、注射针，各种导流导液的胶皮管，带菌的纱布、纱条、棉球及各种病牛手术后的切除物等。

（二）奶牛场废弃物对环境的影响

奶牛的生产过程会向环境中排放废弃物。奶牛个体粪便尿液排泄量在各家畜中是最多的，若不及时处理会形成一定的污染源，将

对环境产生严重影响。

1. 污染土壤　奶牛场高浓度粪尿污水等废弃物可导致土壤孔隙阻塞，造成土壤透气性、透水性下降及板结，影响土壤质量，同时会危害人和奶牛的身体健康，进而影响牛奶的质量。

2. 污染水源　奶牛场粪尿污水中含有的大量有机物和无机盐为细菌和藻类的繁殖提供了条件，如处理不当，会致使地表水发黑、发臭，对地下饮用水资源造成严重污染。

3. 污染空气　奶牛场高浓度粪尿污水等废弃物在堆放过程中会产生大量难闻的气体，主要包括氨、硫化氢、甲烷和有机酸等多种恶臭物质，严重污染空气。氨进入大气层达到一定浓度后，会造成局部性的酸雨；过量甲烷（嗳气和肠道排气中含有甲烷）的排放会导致大气温室效应的加剧。

4. 传播疫病　奶牛场病死奶牛及医疗垃圾等废弃物是动物疫病发生的重要传染源。病死奶牛及医疗废弃物携带有大量致病微生物，处理不当不仅会污染土壤、水源，还会造成疫病的传播，给人们的健康安全造成威胁。另外，兽用医疗垃圾中残留的药物、药液还会对当地的水质、环境等造成巨大的危害，极易引起其他动物的误食、误饮等。尤其是弱毒苗、灭活苗的残留物散播将会导致免疫的失败或疫病的产生和流行，其后果的严重性不容忽视。为保障奶牛养殖业的健康可持续性发展，必须把环境保护放在第一位。

二、奶牛场废弃物的无害化处理及综合利用

奶牛场废弃物的无害化处理及综合利用就是对奶牛场废弃物进行一系列处理，达到无害化且对其中的可利用的物质进行充分利用，减少废弃物对环境的影响。

（一）牧场牛舍粪污收集

目前普遍采用的方法包括人工清粪、铲车清粪及机械刮板清

粪，个别场采用水冲清粪方式。从牛场管理来说，水冲清粪是比较清洁的方式，但从环保角度，是不允许的。2015年1月1日实施的《中华人民共和国环境保护法》中明确禁止使用水冲清粪方式。清粪方式如下。

1. 人工清粪　人工清粪方式简单、劳动强度大、效率较低。

2. 铲式清粪　铲车清粪在我国用的很多，但对于地面的损坏很严重，会影响牛蹄保护、防滑及牛舍设施，对开铲车技术要求较高。

3. 刮板清粪　刮板式清粪是规模化奶牛场大多采用的清粪方式。刮粪板目前有3种形式，钢丝绳刮粪板、链条式刮粪板（图9–1）、液压式刮粪板（图9–2）。前两种形式采用循环闭合清粪方式，即一套驱动可以清理两条粪道。链条式刮粪板和钢丝绳式刮粪板运行原理相同，只不过是牵引刮粪板的物件不同。液压式刮粪板为单向单通道清粪，双向往复运动的钢轨液压推动和电子计算机控制系统。

图9–1　链条式刮粪板

图9–2　液压式刮粪板

（1）钢丝绳刮粪板缺点　钢丝绳需3个月换1次，钢丝的毛刺容易刺伤牛蹄，维护费用较高。

（2）链条刮粪板缺点　链条、滑轮需要定期更换、维护费用高。

（3）液压式刮粪板特点　牛液压自动清洁系统不受气候、地形等特殊要素影响，刮粪板能一天24小时全天候定时自动工作，随时保持牛舍的粪道清洁。其刮板高度及运行速度适中，对牛群的行走、饲喂、休息不造成任何影响，运行、维护成本低，对提高奶牛的舒适度、减轻牛蹄疾病和增加产奶量都有决定性影响。

（二）奶牛场粪尿污水的无害化处理

奶牛场粪尿污水的无害化处理就是个人、奶牛场、企业和社会对粪尿污水中的营养物质采取多种方式和途径进行多层次的分级利用，实现资源和能源的循环利用，减少废弃物的产生量和排放量，达到减量化和资源化的目的。

1. 奶牛场粪尿污水的无害化处理原则 奶牛场粪尿污水处理方式应遵循4个原则：一是减量化原则，即根据奶牛不同生理阶段营养需要量和饲料原料营养成分，合理调控奶牛日粮组成，提高饲料利用率，减少氮、磷及微量元素排泄量；二是资源化原则，即将粪尿污水经过干燥、堆肥、生产沼气等技术处理后可提供燃料、肥料等，实现资源充分利用；三是无害化原则，即将粪尿污水经过干燥、堆肥、生产沼气等方式处理，杀灭其中的病原微生物，达到无害化目的；四是生态化原则，即根据物质循环、能量流动的基本原理，实行农牧结合，实现生态系统的良性循环。

2. 奶牛场粪便的无害化处理方法 奶牛场粪便处理的常用方法有自然堆肥、快速好氧堆肥、机械干燥和建造沼气池等方法。

（1）自然堆肥技术 自然堆肥技术是将奶牛粪便与秸秆及杂草等混合堆积，在天然微生物作用下，通过高温发酵使有机物矿质化、腐殖化和无害化而变成腐熟肥料。奶牛粪便是非常好的有机肥料，其所含的氮、磷、钾等元素是农作物需要的营养物质。奶牛粪便成分见表9-2。在微生物分解有机质的过程中，不但生成大量可被植物吸收的有效氮、磷、钾化合物，而且又合成新的高分子化合物——腐殖质，它是构成改善土壤肥力的重要活性物质。

自然堆肥技术是牛粪无害化处理和资源利用的重要方法。此种方法设备简易，费用低，是家庭养牛场应用比较广泛、技术比较成熟的处理利用方法。在多数奶牛场设有专门的堆肥场地，使粪便统一堆放，统一处理。但该方法不适于规模化标准化集约化程度高的奶牛场。

表 9-2　奶牛粪便中的营养成分含量　（%）

污染物	干物质	粗蛋白质	粗纤维	钙	磷	粗灰分	总消化养分
干牛粪	95	17	38	0.4	0.7	9	45
湿牛粪	20	16	37	0.4	0.6	11	46

（2）机械干燥技术　机械干燥技术是利用机械对奶牛场粪尿污水进行固液分离，再将所得固体烘干。奶牛粪尿污水经过机械干燥处理后，可以作为垫料，也可作为有机肥料。该技术能够及时处理奶牛粪尿污水，减少牛舍的臭气；缺点是不能消除烘干过程产生的臭气，生产的有机肥因未发酵处理而肥效较低，而且烘干需要耗费较多的电能。针对机械干燥技术的缺点，可以在固液分离后通过进行再处理加工有机肥等方式进行改良。

固液分离机系统介绍：随着国家对于养殖企业环保的要求越来越严格，养殖场也不断地加大力度对污水粪便进行无害化处理。粪便固液分离是一种有效从液相中除去固体的操作，一般采用固液分离机。当前固液分离机正不断创新追求技术，采用的形式有螺旋挤压、多辊挤压等，针对牛床垫料采用的不同物料，采用的形式也不一样。

①螺旋固液分离机　该机既可以用于粪污处理前分离，也可以用于沼气发酵后期的固液分离。其整机结构为铸铁材料，关键件筛筒为不锈钢材料，耐腐蚀性强。其采用不锈钢筛筒对物料进行固液分离，筛筒的筛网直径0.25~1毫米，可分离出液体中细小的固体颗粒；不同型号的设备，其每小时可处理粪污水量在4~60米^3（图9-3）。

②两辊分离机　适用于使用沙子作为牛床垫料的养殖企业。该设备处理能力10米^3/小时，圆孔孔径1.5/2/2.5毫米链式控制滚动，挤压桶配备加强型皮带，并配置有全保护型装置及全自动冲洗系

统，包括强力泵和电磁阀（图9–4）。

图 9–3　螺旋固液分离机

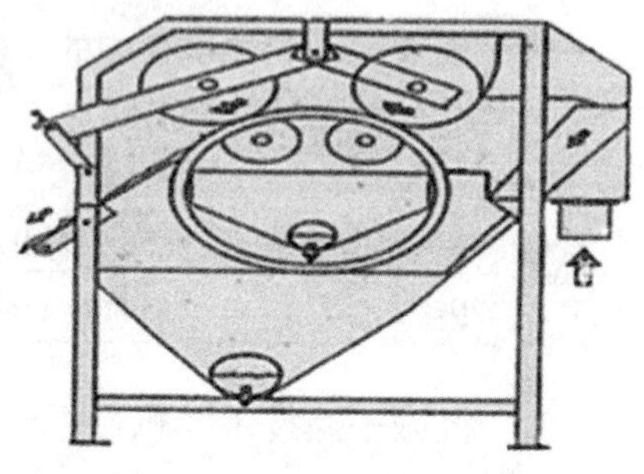

图 9–4　进口两辊分离机

③USfarm固液分离机　USfarm固液分离机是由两级分离装置组成。第一分离装置的作用是去除将固体物质转移至处理池过程中所用到的水中的纤维，这些纤维将被烘干用来铺设牛的卧床。第二分离装置将以非常高的分离率移除固体物质（有机物，磷，硝酸盐，铵，钾，钙，镁和硫）（图9–5）。

图 9–5　USfarm 固液分离机

（3）快速耗氧堆肥技术　快速好氧堆肥技术，采用机械通风、翻堆和提高发酵温度，同时加入蝇蛆、蚯蚓和微生物菌种，最终也是产生腐熟的高效生物有机肥，这种方法不仅为农场提供有机肥、改良土壤，对保护生态环境也起到了一定的作用。由于快速好氧堆肥技术具有发酵周期短、无害化程度高、卫生条件好、易于机械化操作等优点，故国内外利用畜禽粪便、垃圾、污泥等有机固体废弃物堆肥的工厂，绝大多数都采用该技术生产有机肥。但该技术需要投资修建堆肥场地和购买机械设备，需投入一定资金。

在控制投入资金及方便处理的原则下，中小牧场可以采用条垛发酵形式，大型牧场可以采用槽式发酵（图9-6，图9-7）。奶牛场发酵后的物料既可以作为有机肥又可以作为牛床垫料，为牧场降本增效。

图 9-6　深坑槽式翻抛机

图 9-7　自走式翻抛机

工艺流程如图9-8。

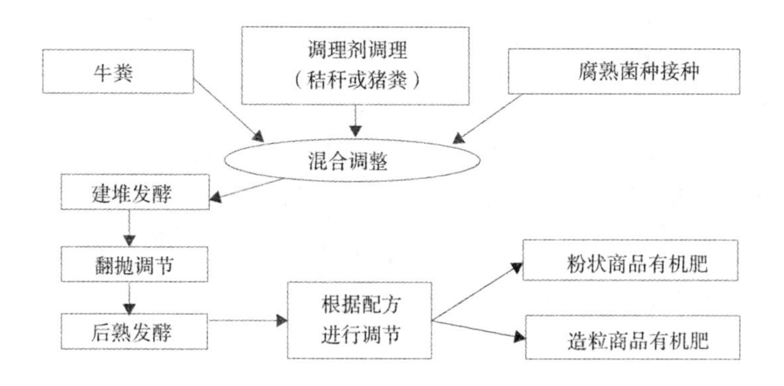

图 9-8　快速耗氧堆肥工艺流程图

牛粪经干湿分离后，添加调理剂把水分降至60%左右。发酵时间为15天，完成好氧发酵的物料为半成品有机肥，该半成品有机肥可作为土壤改良剂施肥进行土壤改良，如果要做成成品有机肥的话，需对氮、磷、钾进行配比，可生产有机无机复合肥或生物有机肥。

（4）沼气生产技术 沼气生产是利用甲烷菌对奶牛粪尿等在厌氧状态下进行发酵后，产生一种以甲烷为主的混合气体。沼气是一种优质的气体燃料，可用于做饭、取暖、照明等。

采用高效沼气技术处理奶牛场废弃物，不仅能及时消除奶牛场的臭味和废弃物对环境的污染，还可以同时获得沼气和有机肥。沼气经过去除部分二氧化碳，加压后可以作为罐装燃气或管道燃气，可作为生活和工业能源。除此之外，发酵后产生的沼渣还可以生产高效有机肥。畜禽粪尿中的碳、氢、氧等非肥料成分大部分在厌氧发酵过程中分解成沼气，发酵产物中的氮、磷、钾及微量元素含量相应增加。而且在厌氧发酵过程中，大分子有机物质被分解成为小分子物质，较易被农作物吸收。

牛粪沼气生产工艺流程如图9–9所示。沼气反应器原理结构及实体见图9–10。

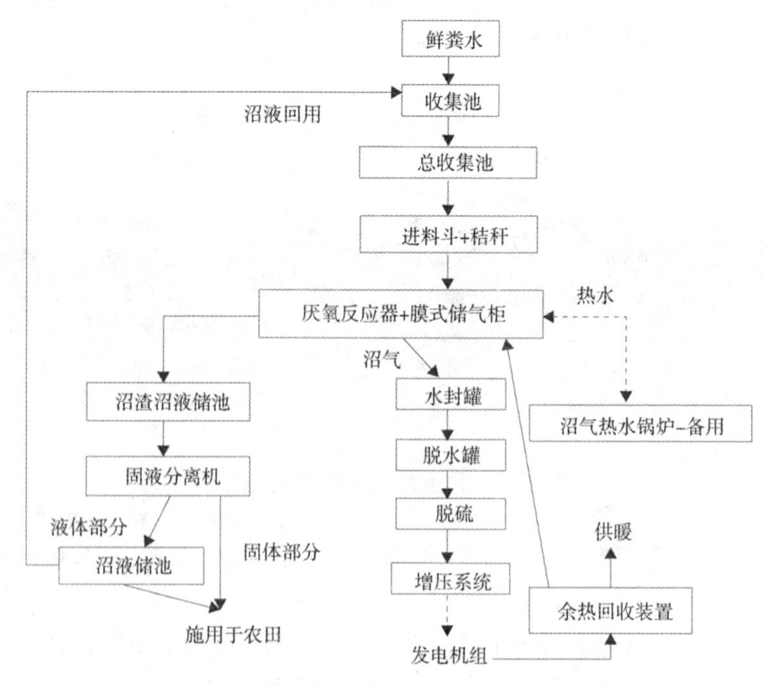

图 9–9 沼气生产和再利用工艺流程图

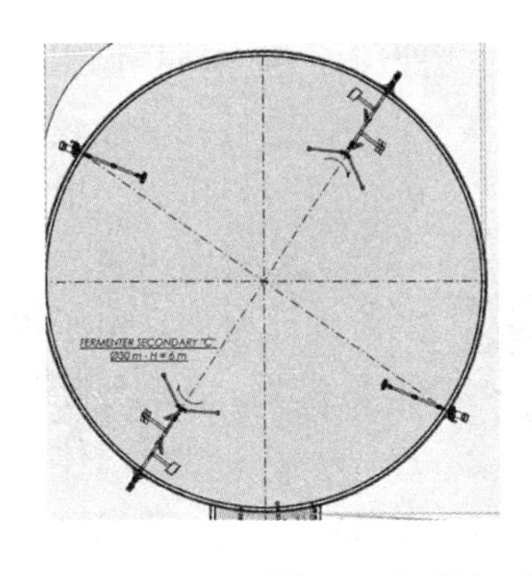

图 9-10　沼气反应器原理结构图及实体图

①升流式固体厌氧反应器　其结构简单，适用于处理高悬浮固体有机物原料。原料由底部进入消化器，与活性污泥接触后，原料可以得到快速消化。未能消化的有机物固体颗粒和沼气发酵微生物在自然沉降作用下，沉于消化器底部，上清液从消化器上部溢出。这种方法可以得到比水力滞留期高得多的固体滞留期和微生物滞留期，大大提高了固体有机物的分解率和消化器的效率。该工艺在当前畜禽养殖行业粪污资源化利用方面有较多的应用。欧洲大中型沼气工程，均采用该工艺。

②CSTR工艺　混合消化器（Continuous Stirred Tank Reactor，简称CSTR）也称连续搅拌反应器系统，是一种完全混合消化器。本工艺可以直接处理悬浮固体含量较高或颗粒较大的料液。其原理是反应器采用上进料下出料或者下进料上出料的方式，内设立式搅拌机。消化器内的搅拌装置不仅可以使原料在消化器的流动呈全混合状态，而且能够让发酵原料和微生物完全混合。该反应器采用恒温连续投料或半连续投料运行。与常规消化器相比，CSTR使活性区遍布整个消化器，传质效果与微生物活性明显提高，发酵效率比较高，还缩短了水力滞留期（HRT），中温条件下，HRT为15~30天。

③塞流式沼气工艺（PFR）　PFR是一种长方形的非完全混合式消化器，原料从一端进入，呈活塞式推移状态从另一端流出。由

于消化器内沼气的产生，以垂直的搅拌作用为主，纵向搅拌作用很小。在进料端呈现较强的水解酸化作用，甲烷的产生随着向出料方向的流动而增加。由于该体系进料端缺乏接种物，所以要进行固体的回流。为减少微生物的冲出，在消化器内应设置挡板以利于运行的稳定（图9–11，表9–3）。

图 9–11　塞流式反应器

表 9–3　中温发酵厌氧消化器主要设计参数

项　目	升流式固体厌氧消化器		塞流池
温度（℃）	35左右	35左右	35左右
水力滞留期（天）	8~15	10~20	15~20
TS浓度（%）	3~5	3~6	7~10
COD_{cr}去除率（%）	60~80	55~75	50~70
COD_{cr}负荷（千克/米^3·天）	5~10	3~8	2~5
投配率（%）	7~12	5~10	5~7

（5）牛床垫料发酵系统　牛床垫料快速回收系统为一种半开放式有氧发酵技术，世界上称之为“筒内发酵技术”。主要原理是这个系统可提供促进微生物在有机物料中增殖的环境，依据发酵时间的不同，发酵物料可被加工成牛床垫料或发酵有机肥。

从将牛舍清理出来的粪污在粪污池内进行均匀搅拌后，被泵抽入到本系统的固液分离机，分离的固体不断进入发酵滚筒；同时，在程序的自动控制下，风扇将筒内发酵所需氧气送入筒内。不需任何加热，滚筒内的温度会自动上升至60℃左右；之后，控制程序会

自动启动风扇和改变发酵罐的转速，防止发酵增温过高，控制适宜温度范围。根据物料最终是用作牛床垫料还是发酵有机肥的用途的不同，物料的发酵时间为1~3天。发酵完成的垫料直接由出料口的提升机出料。此系统可以大大减少沙子等垫料原材料的投入和使用成本，而且能够实现牛粪的资源化循环利用（图9-12）。

图 9-12　牛床垫料发酵系统

3. 奶牛场污水的无害化处理方法　奶牛场污水处理法主要有自然生物处理法、沼气工程处理法、厌氧处理法、好氧处理法、厌氧—好氧联合处理法，以及最新的集装箱式粪水达标处理法。

（1）自然生物处理法　利用天然的水体和土壤中的微生物来净化废水的方法称自然生物处理法。主要有水体净化法和土壤净化法两类。属于前者的有氧化塘（好氧塘、兼性塘、厌氧塘）和养殖塘；属于后者的有土地处理（慢速渗滤、快速渗滤、地面漫流）和人工湿地等。自然生物处理法投资小，动力消耗少，对难生化降解的有机物、氮、磷等营养和细菌的去除率都高于常规二级处理，其建设费用和处理成本比二级处理厂低得多。此外，在一定条件下，氧化塘和污水灌溉能对废水资源进行利用，实现污水资源化。该方法的缺点是占地面积大，净化效率相对较低。在附近有废弃的沟塘、滩涂可供利用时，应尽量考虑采用此类方法。

（2）好氧生物处理法　好氧生物处理法可分为天然和人工两类。天然好氧生物处理法有氧化塘和土地处理等。人工条件下的好氧生物处理方法采取人工强化措施来净化废水，该方法主要有活性

污泥和生物滤池、生物转盘、生物接触氧化等。

接触氧化和生物转盘的处理效果好于活性污泥；生物滤池的处理效果也很好，但易于堵塞。氧化塘出水水质好、产泥量少，可对污水进行脱氮处理，但它处理水量小、占地面积大、运行费用高；规模化奶牛场日排放污水量很大，有机物浓度很高，可选择负荷较大的好氧处理工艺。

（3）厌氧处理法 厌氧技术在奶牛场粪污处理领域中是较为常用的。对于奶牛场高浓度的有机废水，必须采用厌氧消化工艺，才能将可溶性有机物大量去除（去除率可达85%~90%），而且可杀死传染病菌，有利于防疫。

目前用于处理奶牛场污水的厌氧工艺很多，其中较为常用的有以下几种。

①厌氧滤器 1972 年国外开始在生产上应用，我国在20世纪70年代末期开始引进研究并进行了改进，气体甲烷含量可达65%。

②上流式厌氧污泥床 1977 年在国外投入使用。1983 年北京市环境保护科学研究院与国内其他单位进行了合作研究，并在有关技术指标上进行了改进。

③污泥床滤器 具有水力停留时间短、产气率高等优点。

④两段厌氧消化法 两段厌氧消化法主要特点是把沼气发酵过程分为酸化和甲烷化两个阶段，并分别在两个消化器内进行，缩短了工艺整体的水力停留时间，提高了系统产气率。

（4）厌氧—好氧联合处理法 厌氧—好氧联合处理技术，具有投资少、运行费用低、净化效果好、能源环境综合效益高等优点，特别适合产生高浓度有机废水的奶牛场的污水处理。根据废水资源化的利用途径，厌氧—好氧工艺可有多种组合形式，如经厌氧处理后的污水可作为农田液肥、农田灌溉用水和水产养殖肥水。在没有上述利用条件及水资源紧缺的情况下，经过滤等深度处理和严格消毒后，可作为畜禽场清洗用水。常见的工艺流程见图9-13。

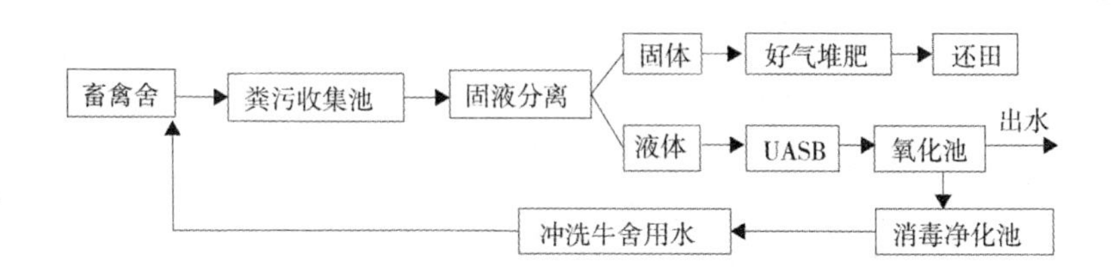

图 9-13　厌氧—好氧联合处理工艺流程

（5）生态工程—沼气工程处理法　微生物在厌氧条件下，将有机质通过复杂的分解代谢，最终产生沼气。由于沼气发酵要求厌氧，要求水中有机质的含量和种类、环境的温度和酸碱度等条件的相对稳定，而且发酵时间较长，因此发酵装置的容量为日污水排放量的2~4倍，一次性投资较大。但是，沼气发酵能处理含高浓度有机质的污水，自身耗能少，运行费用低，而且沼气是极好的无污染的燃料，有较好的经济效益。

（6）集装箱式粪水达标处理法　此方法引用了欧洲主流达标处理方式，通过集装箱式设备处理技术把牧场产生的粪水通过整个处理系统达到国家可排放标准，可直接进行牧场回用或排放到大自然中（图9-14）。

图 9-14　集装箱式粪水处理系统一角

具体处理流程见图9–15。

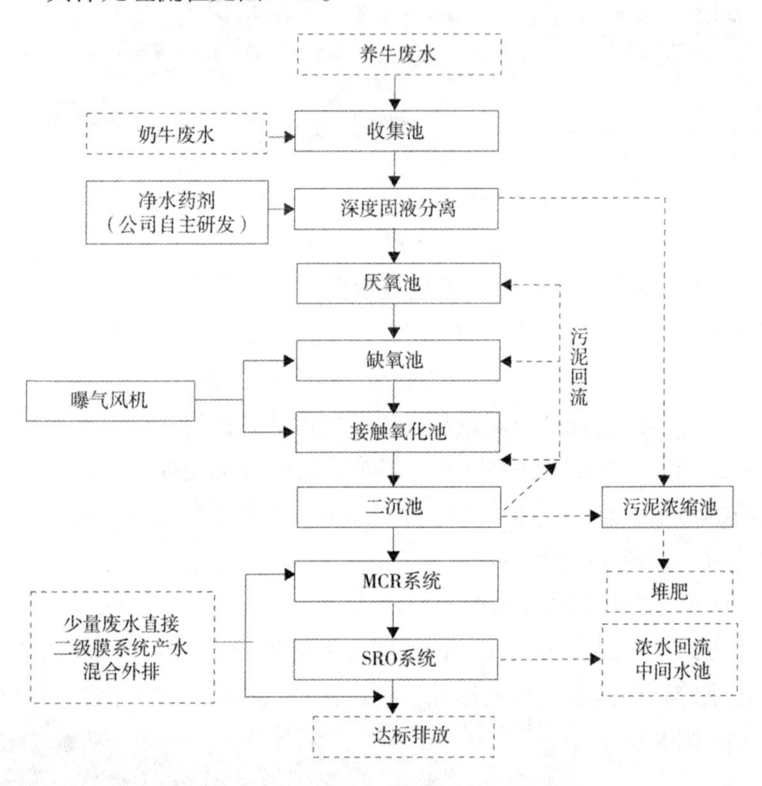

图 9–15　集装箱式粪水达标处理流程图

①收集池　废水收集池是汇集、贮存和均衡废水的水质水量。养牛废水主要由尿液、残余粪便、饲料残渣和冲洗水组成，其排出的废水浓度是不均衡的，在不冲洗养牛圈舍时废水量少，废水浓度高，冲洗圈舍时废水量大，废水浓度低，高浓度废水与低浓度废水的水质变化量太大，如果不设置收集池将两种废水混合调节均衡，这种浓度差异很大的废水对废水处理设备设施正常运行是很不利的，甚至是有害的。因此，在废水进入主要污水处理系统前，设置一个有一定容积的废水收集池，将废水贮存起来并使其均质

均量，以保证废水处理设备和设施的正常运行（图9-16）。

图 9-16　收集池及设备一角

②深度分离设备　深度固液分离设备是利用水在不同压力下溶解度不同的特性，通过增压系统、快速反应循环系统对全部或部分待处理（或处理后）的水进行加压、加气，增加水的空气溶解量，在此过程中加入自主研发的无机高分子絮凝剂，通过絮凝沉淀后，在常温常压下进行悬浮筛选，从而最终将比重小于1的、微小的甚至肉眼无法看到的很难沉降的胶体颗粒物分离出来，SS的去除率达到80%以上（图9-17）。

③调节池　奶牛场生产过程中排出的废水，水量、水质、温度等水质指标随排水波动较大。采用调节池进行前期水质调节，使被处理的废水水质均化，使后续处理设施不受废水高峰流量或高浓度变化的冲击，保障设备运行的稳定（图9-18）。

图 9-17　深度分离装置

图 9-18　调 节 池

④水解酸化池　废水在温度控制稳定后，经过提升泵将定量的水送入设置在反应器底部的布水器。由于布水器设计顾及反应器底

部的每一个平方面上，能保证进水十分均匀地分布和废水上升流速的稳定均匀。在水解阶段固体物质降解为溶解性物质，部分大分子物质降解为小分子物质；在产酸阶段碳水化合物降解为脂肪酸，主要是醋酸，丁酸和丙酸。水解和产酸进行得非常快，难于把它们分开。此阶段参与反应的微生物主要是水解菌、产酸菌。在酸性衰退阶段有机酸和溶解的含氮化合物分解成氨、胺、碳酸盐和少量的二氧化碳、氨、甲烷和氢。在此阶段中由于产氨细菌的活动使氨态氮浓度增加，氧化还原电势降低，pH值上升，pH值的变化为甲烷菌的增长繁殖创造了适宜的活跃条件。于是甲烷菌把有机酸转化为沼气。经水解酸化处理，将大分子状态的有机污染物分解为生化性强的小分子物质，改善和提高污水的可生化性和溶解性（图9–19）。

⑤兼氧池　兼氧池是相对厌氧和好氧来说，一般是指溶解氧控制在0.2~0.5毫克/升的生化系统。分一级兼氧池和二级兼氧池。它们的相同点是，都是兼氧的环境，以厌氧和兼氧菌为主（实际运用过程中甚至有时候两者没有很明确的分别）。不同点是，他们发挥的作用不同（一级兼氧池是控制在厌氧的水解酸化阶段，将大分子的物质分解成小分子物质，提高废水的可生化性，便于后续工艺的处理；二级兼氧池的作用是在去氨、氮过程中提供反硝化等作用，并作为好氧池的过渡阶段），另外一般一级兼氧池不曝气，而二级兼氧池可以选择用穿孔管曝气，适当增加废水中的溶解氧（图9–20）。

图 9–19　水解酸化池

图 9–20　兼 氧 池

⑥接触氧化池　生物接触氧化法是生物膜法的一种形式。它是在生物滤池法的基础上发展起来的，从生物膜固定和污水流动来说，相似于生物滤池法。从污水充满曝气池和采用人工曝气看，它又相似于活性污泥法。所以，生物接触氧化法兼有生物滤池法和活性污泥法的特点（图9–21）。

图 9–21　接触氧化池

在生物接触氧化法中，微生物主要以生物膜的状态固着在填料上，同时又有部分絮体或碎裂生物膜悬浮于处理水中。生物接触氧化池中的生物膜重量，比曝气池内悬浮活性污泥的重量大得多，一般生物膜重量为6 000~14 000毫克/升，而氧化池中呈悬浮状的微生物（活性污泥）浓度一般为200~1 000毫克/升。由此，可粗略地用生物膜重量表示生物接触氧化法中的微生物重量，用生物膜浓度表示微生物浓度。

最初，稀疏的细菌附着于填料表面，随着细菌的繁殖逐渐形成很薄的生物膜。在溶解氧和食料（有机物）都充足的条件下，微生物的繁殖十分迅速，生物膜逐渐加厚。废水中的溶解氧和有机物扩散到生物膜内为好气菌利用。但是，当生物膜长到一定厚度时，溶解氧无法向生物膜内扩散，好气菌死亡、溶化，而内层的厌气菌得以繁殖发展。经过一段时间后，厌气菌在数量上亦开始下降，加上代谢气体的逸出，使内层生物膜出现许多空隙，附着力减弱，终于大块脱落。在生物膜脱落的填料表面上，新的生物膜又重新生长发展。实际上，新陈代谢过程在生物接触氧化池中生物膜发展的每一个阶段都是同时存在着的，这样就使其去除有机物的能力保持在一个水平上。

生物接触氧化法的固定生物膜与一般的生物膜不同。在氧化池中采用曝气方式，不仅提供较充分的溶解氧，而且由于曝气搅动加速了生物膜的更新，从而更加提高膜的活力与氧化能力。另外，曝气会形成水的紊流，使固着在填料上的生物膜可以连续、均匀地与污水相接触，避免生物滤池中存在接触不良的缺陷。

⑦MCR膜反应器　MCR是一种将高效膜分离技术与传统活性污泥法相结合的新型高效污水处理工艺，它用具有独特结构的MCR平片膜组件置于曝气池中，经过好氧曝气和生物处理后的水，由泵通过滤膜过滤后抽出。它利用膜分离设备将生化反应池中的活性污泥和大分子有机物质截留住，省掉二沉池。活性污泥浓度因此大大提高，水力停留时间和污泥停留时间可以分别控制，而难降解的物质在反应器中不断反应、降解。由于MCR膜的存在大大提高了系统固液分离的能力，从而使系统出水水质和容积负荷都得到大幅度提高，经过消毒，最后形成水质和生物安全性高的优质再生水，可直接作为新生水源。由于膜的过滤作用，微生物被完全截留在MCR膜生物反应器中，实现了水力停留时间与活性污泥的彻底分离，解决了传统活性污泥法中污泥膨胀问题。膜生物反应器具有对污染物去除效率高、硝化能力强、可同时进行硝化和反硝化、脱氮效果好、出水水质稳定、剩余污泥产量低、设备紧凑、占地面积少（只有传统工艺的1/3~1/2）、增量扩容方便、自动化程度高、操作简单等优点（图9–22）。

图 9–22　MCR 膜反应器

与传统的污水处理生物处理技术相比具有以下明显优势。

设备紧凑，占地少：由于生物反应器内将污泥浓度提高了2~5倍，容积负荷可大大提高，而且用膜组件代替了二沉池和过滤设备。因此，与常规生物处理工艺相比，膜生物反应器的占地面积可大为减少。

出水水质优质稳定：由于膜的高效分离作用，分离效果远好于传统沉淀池，处理出水极其清澈，悬浮物和浊度接近于零，细菌和病毒被大幅去除。同时，膜分离也使微生物被完全截流在生物反应器内，使得系统内能够保持较高的微生物浓度，不但提高了反应装置对污染物的整体去除效率，保证了良好的出水水质；同时，反应器对进水负荷（水质及水量）的各种变化具有很好的适应性，耐冲击负荷，能够稳定获得优质的出水水质。

剩余污泥产量少：该工艺可以在高容积负荷、低污泥负荷下运行，剩余污泥产量低（理论上可以实现零污泥排放），降低了污泥处理费用。

可去除氨氮及难降解有机物：由于微生物被完全截流在生物反应器内，从而有利于增殖缓慢的微生物如硝化细菌的截留生长，系统硝化效率得以提高。同时，可增长一些难降解的有机物在系统中的水力停留时间，有利于难降解有机物降解效率的提高。

操作管理方便，易于实现自动控制：该工艺实现了水力停留时间与污泥停留时间的完全分离，运行控制更加灵活稳定，是污水处理中容易实现装备化的新技术，可实现计算机自动控制，从而使操作管理更为方便。

⑧SRO反应器　SRO水处理系统，由于采用了先进的反渗透膜分离技术，并根据用户的实际原水水质情况，专门配套设计了原水预处理单元，从而保证了系统产水水质的持续稳定（图9-23）。

图 9-23　SRO 反应器

系统的主要工作原理

如下：原水依次经过由机械过滤器、活性炭过滤器、软水器和微孔过滤（保安过滤）4部分组成的预处理单元的处理，分别将原水中的淤泥悬浮物、大部分有机物及细小颗粒物质处理掉，然后经过高压泵增压，泵入超级反渗透（SRO）膜分离单元。SRO具有以下特点。

高质量的卷式反渗透膜：在反渗透膜分离单元这一系统的核心单元里，由于采用了世界一流先进的卷式超低压反渗透膜，从而保证了整个系统产水质量的持续稳定。

多种保护措施，保证运行安全可靠：在检测和控制单元，由于采用了高压泵压力保护，并在产水送水泵处采用了管路压力控制或液位控制，从而免去了过多的担心，保证了整个系统的安全可靠的运行。

采用液位控制技术，实现自动控制产水：由于在产水水箱处设置了性能可靠的液位控制器，实现了系统产水的自动控制，今后可不必再担心水溢出水箱或水不够用。

采用产水电导率在线监测，水质一目了然：由于在反渗透膜组件的透过液出口处安装了在线电导率仪，使产水水质得到连续监测，并显示在仪表盘上，方便随时了解水质情况。

采用卫生级洁净耐高压管路，符合行业饮用纯净水制备要求：整个SRO系统的管路全部采用卫生级耐高压洁净UPVC管路，经久耐用，美观大方。保证设备运行及产水水质满足要求。

⑨消毒脱色装置　整套装置由供料系统、反应系统、稀释吸收系统、在线控制系统、安全系统组成。运行成本是国际上广泛使用的亚氯酸钠与盐酸生产工艺的20%，杜绝了“氯酸钠+盐酸法”，特殊的消毒脱色剂具有强氧化性，同时具有脱色功能，能很快地降解养殖废水难处理的色度问题。

⑩全自动化管控系统　整个粪水处理工艺系统配备一整套远程控制软硬件解决方案。用户可以通过移动终端APP或互联网与现场系统设备进行实时交互，查询历史数据、设置工艺参数、控制各类设备（权限控制）等，并可分别针对不同层级企业管理人员分配不

同管理权限，以便各级企业管理人员根据自己的权限对各项指标进行调整达到最佳运行状态（图9-24）。

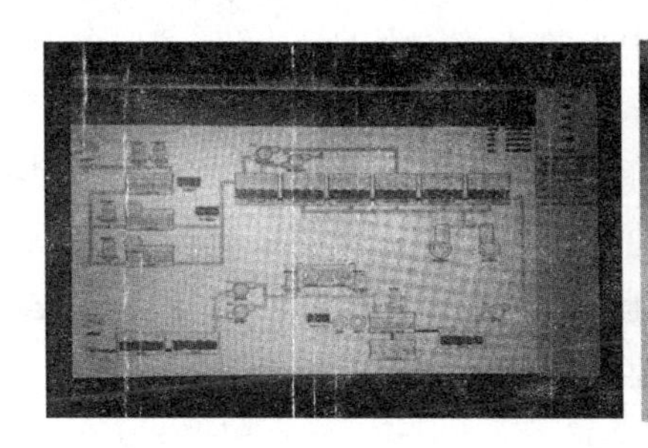
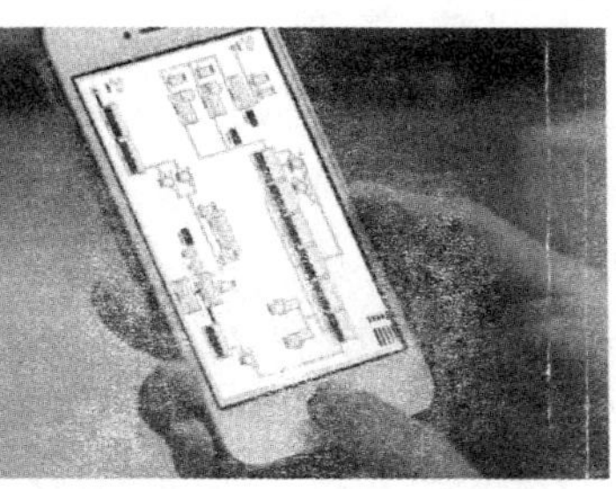

图 9-24　远程监控系统及手机 APP

（三）奶牛场病死奶牛的无害化处理

病死奶牛的无害化处理要严格按照《中华人民共和国病死及死因不明动物处置办法》和《GB 16548—2006病害动物和病害动物产品生物安全处理规程》这两个规范进行。

1. 病死奶牛尸体处理程序　奶牛因病死亡后，应立即向当地动物卫生监督机构报告，并做好临时看管工作。动物卫生监督机构在接到报告后，应立即派出具有资质的兽医技术人员到现场，按照有关规定进行处理，并将处理结果及时上报动物卫生监督机构。

2. 病死奶牛尸体运送方法　运送奶牛尸体和病害动物产品应采用密闭、不渗水的密闭容器。装前卸后必须消毒。

3. 病死奶牛尸体处理方法　病死动物无害化处理方法主要是焚烧法、深埋法和高温处理再利用法。焚烧法比较复杂，目前在疫区实行存在一定困难，当前使用最多的还是深埋法和高温处理再利用法，其中高温处理再利用法对环境影响最小，且可通过回收利用产生经济效益，为最佳处理方法。

（1）焚烧法　将病死奶牛尸体及其产品和污染垫料等投入焚化炉或使用其他方式焚烧碳化，彻底杀灭病原微生物。这种方式对

处理流程和设备要求较高，建议相关机构统一处理。

（2）深埋法 选择远离学校、公共场所、居民住宅区、村庄、动物饲养和屠宰场所、饮用水源地、河流的地方进行深埋。掩埋坑底铺2厘米厚的生石灰；掩埋前应对需掩埋的病害动物尸体和病害动物产品喷洒柴油进行焚烧处理；掩埋后需将掩埋土夯实。病死动物尸体及其产品上层应距地表1.5米以上；焚烧后的病害尸体表面和病害动物产品表面，以及掩埋后的地表环境应使用有效消毒药喷洒消毒。对污染了的饲料、排泄物和杂物等，也应喷洒消毒剂后与尸体共同深埋。

（3）高温生物降解法

①技术介绍及优势 “高温杀菌+生物降解”处置法是利用高温灭菌技术和生物降解技术有机结合，处理病害动物尸体组织等有机废弃物，灭杀病原微生物，避免产物、副产物二次污染和资源利用的工艺方法。该工艺在台湾地区及日本等地已经成熟应用十余年，取得了良好的社会和经济效益。以高温灭菌技术+生物发酵降解有机结合，对病害动物及组织灭菌降解，达到环保的资源利用的处置方式，相比其他方式，有产物可利用率高、运行成本低、彻底杀灭病原菌、环保无异味、安全排放、占地小的优点（图9-25）。

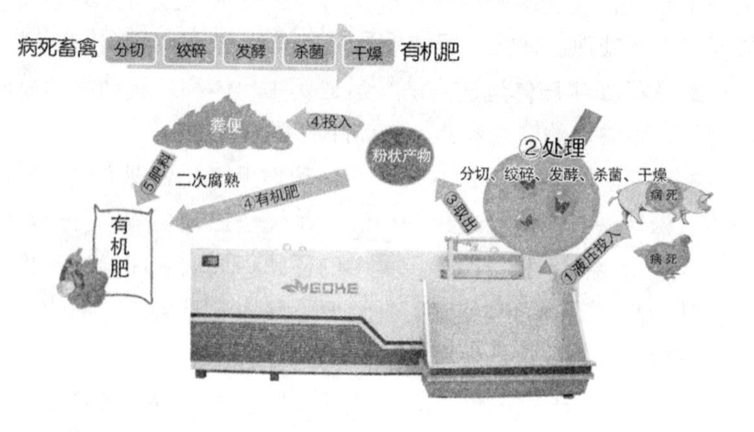

图9-25 “高温杀菌+生物降解”处理工艺示意图

②无害化处理工艺　有机废弃动物尸体在处理机中按“分切、绞碎、发酵、杀菌、干燥”5个步骤，将有机物成功转化为无害粉状有机肥原料。技术核心分三步：一是密闭状态下的杀菌处理，保证通过空气传播的细菌能够在这个阶段消灭；二是通过微生物菌的发酵降解有机质；三是高温杀毒，温度达到90℃~130℃，持续时间达到10小时以上，保证病毒的彻底消灭。最终降解有机物，达到环保处理、废物循环利用的经济效果，并实现“源头减废、消除病原菌”的功效。处理过程只产生水蒸气进入尾气处理系统除臭杀毒，残渣为有机肥原料（图9–26）。

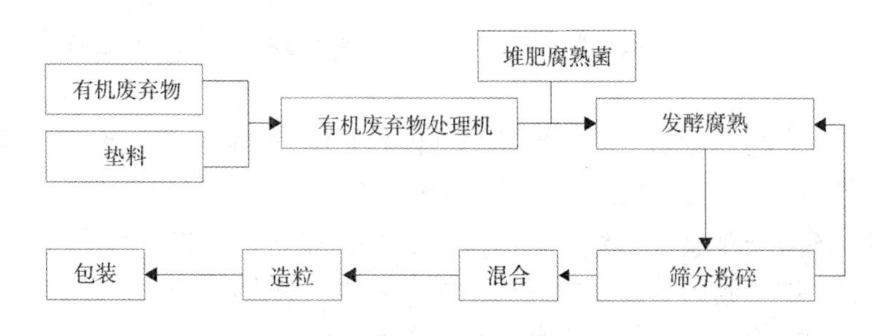

图 9–26　动物无害化处理工艺流程图

③有机肥加工流程

一阶段：有机废弃动物尸体在处理机内部进行无害化处理的过程，直至将有机物成功转化为无害粉状有机肥原料，即执行上述的无害化处理工艺阶段。

二阶段：将成功转化为无害粉状有机肥原料进行二次发酵，生成优质的有机肥原料。具体步骤是将有机物生成的粉状有机肥原料，按一定的比例与其他有机肥原料混合，通过二次发酵，生产成优质的有机肥。

④特点介绍　无害化处理机是根据“高温杀菌+生物降解”技术开发的有机废弃物无害化处理设备，其性能优越，操作简单，具

体功能介绍如下（图9–27，图9–28）。

图 9–27　产出有机肥

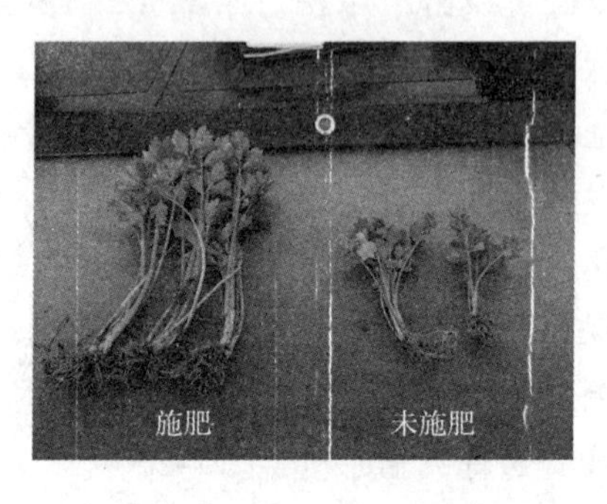

图 9–28　16 天芹菜试验

废弃物的分切、绞碎到发酵过程的处理一体化：不需要对废弃物进行事先分切、肢解，处理发酵过程完全密闭，只有干燥过程中的气体对外排放，因为干燥过程的温度达到90℃~130℃及以上，排放的气体达到国家的排放标准。这个一体化的优点在于大大减少人与废弃物的接触，改善处理环境，减轻劳动强度。

自动进料设计：自动投料是减少人畜直接接触的重要手段，也是减轻劳动强度的必要条件，这一改进大大改善工作环境，减少人为感染的风险。

一键式完成操作系统的各个过程：生物降解处理方式，各阶段的温度控制不同，操作相对复杂，针对操作者素质普遍不高的问题，结合信息技术的应用，开发了一键式操作系统，降低操作难度，保证工艺的正确执行。

完善尾气处理系统：尾气的排放是公共处理点的关键性问题，尾气包括两个方面，一是有机废弃物处理过程（加热干燥）的水蒸气排放，二是车间内物料堆放产生的气体。要保证排出的气体不对环境产生污染，必须通过消毒系统和除臭系统，将尾气中有害污染源彻底消灭，实现环保处理，资源化利用的目的。

（四）奶牛场医疗垃圾的无害化处理

1. 化学处理　化学处理方法是将医疗垃圾掩埋在深土中，利用微生物将其自然分解。但医疗垃圾一般都是塑料、玻璃、橡胶、铝制品等无机物质，在无光照和风蚀的情况下几百年也不易分解，而单靠微生物自然分解是需要相当长的时间。因此，化学处理方法还存在容易引发土地土壤酸化板结，污染地下水资源，占用土地资源等诸多弊病，故化学处理方法是不科学的，不建议推广。

2. 焚烧处理　焚烧处理即由规模奶牛场购置焚烧炉，在牛场的下风口建立焚烧场，对医疗垃圾及病死牛进行焚烧。这种高温焚烧处理方法能保证医疗垃圾完全稳定化、安全化、减量化和无害化地被处理，但焚烧的过程中会产生有害气体污染环境，亦不建议推广。

3. 专门收集机构统一处理　专门收集机构即专门处置医疗垃圾的机构，其负责统一收集、运输和集中处理医疗垃圾。这种方法能减少很多分散的处理设施和污染源，节约能源，而且还能避免和生活垃圾混合，对人体造成危害。这也是环保部门、动物卫生部门的要求。这种处理方法能保证医疗垃圾完全稳定化、安全化、减量化和无害化地被处理，同时又符合当代医疗垃圾处置的发展趋势。

病死动物及医疗垃圾无害化处理是否到位，事关畜产品质量安全、畜牧经济稳定持续发展、公共卫生安全和人民群众的身体健康。因此，各级政府应将此项工作所需经费纳入财政预算，从而有利于病死动物无害化处理工作的顺利开展，保证奶牛产业的健康发展。

三、奶牛场废弃物污染防治法律、法规

我国的畜禽污染防治工作相关的法律、法规主要有《中华人民共和国畜牧法》《中华人民共和国动物防疫法》《畜禽养殖业污染

防治技术规范》《畜禽养殖业污染物排放标准》和《畜禽养殖污染防治管理办法》等8部法律，四部部门规章和一些地方法规条例为工作指导，大体可以分为对固体废弃物排出的限制；化学物质含量超标的兽药、饲料及添加剂的非法使用的规定；冲刷畜禽饲养场地和清洗畜禽身体、养殖器具等产生的污水排出指标；畜禽从口腔和肛门排出的含有废气的恶臭气体的限制；生病死亡的畜禽尸体的防疫和非净化处理的方式指导等。

其主要相关内容如下。

第一，畜禽养殖过程中产生的固体废物排出限制规定内容。《固体废物污染环境防治法》中规定，单位或个人从事畜禽规模养殖要依照国家有关规定收集、利用、贮存或者处置养殖过程中产生的畜禽粪便，防止对环境造成污染。《中华人民共和国畜牧法》中规定，畜禽养殖场或养殖小区要保证畜禽粪便及其他固体废弃物综合利用或者无害化处理设施的正常运转，确保污染物达标排放，不会对周围环境造成污染。畜禽养殖场或养殖小区若违法排放畜禽粪便及其他固体废弃物，造成了环境污染危害，应当排除危害，依法承担损失，给予受害方赔偿。同时，国家支持畜禽养殖场或养殖小区内配备畜禽粪便及其他固体废弃物的综合利用设施。

第二，化学物质含量超标的兽药、饲料及添加剂的非法使用的规定内容。《中华人民共和国畜牧法》中规定，从事畜禽养殖的个人或单位，不能违反法律、行政法规的规定和国家技术规范的强制性要求违规使用饲料、饲料添加剂、兽药；或者使用未经高温消毒处理的餐馆、食堂的泔水喂养家畜；或者在垃圾场或者使用垃圾场中的物质喂养畜禽等一系列法律、行政法规和国务院畜牧兽医行政主管部门规定的危害人和畜禽健康的行为。

第三，对病死畜禽尸体的非净化处理的方式指导的规定内容。《中华人民共和国动物防疫法》中规定，动物饲养场（养殖小区）必须要有相应的污水、污物、病死动物、染疫动物产品的无害化处理设施设备和清洗消毒设施设备；要有专业的动物防疫技术人员从

事这方面工作；要有完善的动物防疫制度。

第四，法律责任。对于违反法律的行为在各个法律规定中均有提及法律责任的承担问题。针对有规模的畜禽养殖场，部分也涉及养殖小区，对养殖散户的违法行为均有所应该承担的责任规定内容。

在当前我国畜禽养殖业发展迅猛的情况下，相关法律、法规的出台对规范养殖场和养殖户的行为起到了很好的约束作用，对自然环境的恶化也起到了遏制作用。政府应加大财政投入控制农业污染，引导养殖业主不断加大治污的资金投入力度，将养殖污染治理作为一个地方经济发展的重要课题，加入地方统筹规划，使农民增收、经济发展、环境保护和谐统一，建设一个生态的文明的和谐的新农村。

第十章
奶牛常见病及防治

一、奶牛蹄病

（一）趾间皮炎

在蹄部没有扩延到深层组织的皮肤炎症，称为趾间皮炎。其特征是皮肤呈湿疹性皮炎的症状，附带有腐败气味。

【病　因】 因地表潮湿和污染导致结节状杆菌和螺旋体病菌的感染。

【症　状】 初期奶牛行走不自然，触摸蹄部疼痛非常敏感。蹄部表皮增厚和稍充血，趾间隙有渗出物，发现稍晚会有痂皮形成。发展到第二阶段，跛行明显，如不及时发现与治疗，严重时可导致蹄匣脱落，病牛被迫淘汰。本病常常发展成蹄部慢性坏死性皮炎（蹄糜烂）和局限性皮炎（蹄底溃疡）。

【预防与治疗】 要经常保持蹄部的干燥和地面的清洁，如发现症状应对发炎的蹄部应用防腐剂和收敛剂进行蹄浴，1日2次，连用3天。

（二）趾间皮肤增殖

趾间皮肤增殖是指蹄部趾间皮肤和（或）皮下组织的增殖性反应，奶牛对该病易感。

【病　因】　引起本病的确切原因尚不清楚。泥浆、粪尿等异物对趾间皮肤的经常刺激，都易引起本病。

【症　状】　本病多发生在后肢蹄部。从趾间隙一侧开始增殖的小病变不引起跛行，因而容易被忽略。增大时，可见趾间隙前部的皮肤红肿、脱毛，有时可看到皮肤破溃。趾间穹窿部皮肤进一步增殖时，形成“舌状”突起（图10-1），此突起随着病程发展，不断增大增厚，在趾间向地面伸出，其表面出现坏死，或受伤发生破溃，引起感染，可见渗出物，气味恶臭。根据病变大小、位置和感染程度出现不同程度的跛行。

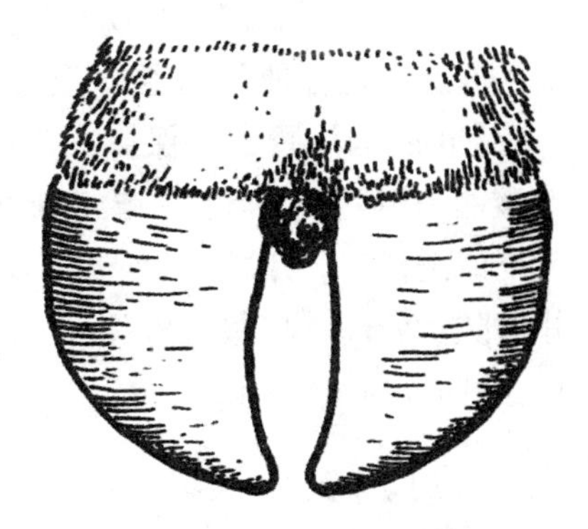

图 10-1　指（趾）间增殖

在指（趾）间隙前端皮肤，有时增殖成草莓样突起，由于破溃后发生感染。增殖的突起后期形成角质化，最后导致蹄部变形。当奶牛出现跛行时，会导致泌乳量明显降低。

【预防与治疗】　牛床和运动场要保持干燥清洁，运动场铺设沙土，可有效地预防本病。发病时可先清洗消毒，然后进行手术切除。术后创口部缝合，并用抗生素或防腐剂消炎。术后在两趾蹄尖处钻洞，用金属丝将两趾固定在一起包扎，并做防水处理。

（三）趾间蜂窝织炎

趾间蜂窝织炎是趾间皮肤及其下组织发生炎症。特征是皮肤坏死和裂开，趾间皮肤、蹄冠、系部和球节的肿胀，有明显跛行，伴有体温升高。感染细菌以坏死杆菌最常见，所以本病又称趾间坏死杆菌病，也有称为腐蹄病。

【病　因】　趾间隙因异物造成挫伤或刺伤，或粪尿和稀泥浸渍，使趾间皮肤的抵抗力降低，易感染本病。趾部皮炎、趾间皮肤增殖和黏膜病等可并发本病。

【症　状】　发病初期患牛有轻度的跛行，发病1~3天，趾间隙和蹄冠部出现肿胀，皮肤有小的裂口，散发难闻的恶臭气味。发病3天至1周，趾间皮肤坏死腐脱，趾明显分开，伴有剧烈疼痛，体温升高，食欲减退，泌乳量明显下降。有的病牛蹄冠部高度肿胀，卧地不起，出现各种并发症，甚至蹄匣脱落等。

【预防与治疗】　保持牛舍和运动场的干燥与清洁，定期使用硫酸铜和甲醛进行蹄浴。治疗上先去除患部的坏死组织，用防腐液反复清洗伤口，用抗生素或防腐剂消炎，绷带包扎要环绕两指趾，并做防水处理。口服硫酸锌，应用抗生素和磺胺类药物进行全身治疗，可取得满意效果。

（四）蹄叶炎

发病部位是奶牛前肢的内侧趾和后肢的外侧趾，可分为急性、亚急性和慢性。蹄叶炎可能是原发性的，也可能继发于其他疾病，如严重的乳腺炎、子宫炎和酮病。母牛发生本病与产犊有密切关系，而且年轻母牛和以精饲料为主饲养的牛发病率较高。

【病　因】　多数认为发生本病是综合性因素所致，包括分娩前后到泌乳高峰时期吃过多的碳水化合物精料、不适当的运动、遗传和季节因素等。

【症　状】　急性发病时病牛行走困难，站立时弓背，四肢收于一起，如仅前蹄发病时，后肢向前伸，达于腹下，以减轻前肢的负重。后蹄患病时，常见后肢在行走时划圈。患牛不愿站立，长时间躺卧，在急性期早期可见明显地出汗和肌肉颤抖。体温可升高，脉搏可加快，常伴有低血压。

局部症状可见患肢的静脉扩张，蹄冠的皮肤发红，触诊病蹄可感到温度高。蹄底角质脱色，变为黄色，有不同程度的出血。

发病1周以后X线摄片可见蹄骨尖移位。

【预防与治疗】　分娩前后应避免饲料的急剧变化，产后逐渐增加精饲料，并添加适量碳酸氢钠，同时饲喂优质青干草，放置舔砖任其自由舔舐。治疗时应用抗组胺制剂、镇痛药对症治疗。瘤胃酸中毒时，静脉注射碳酸氢钠液，并用胃管投给健康牛瘤胃内容物。慢性蹄叶炎时注意护蹄，保持其蹄形，防止蹄底穿孔。

（五）蹄底溃疡

蹄底溃疡是蹄底和蹄球结合部的一个局部病变，是蹄底后1/3处的非化脓性坏死（图10-2）。

【病　因】　本病的确切原因尚不清楚。长期站立在水泥地面，运动场地面坚硬不平整，护蹄不良，牛舍或运动场过度潮湿，运动场内有石子、砖瓦、玻璃碎片等异物，冬天运动场有冻土块、冰块及冻牛粪等都易造成本病发生。有人研究饲料中缺锌，可引发本病。

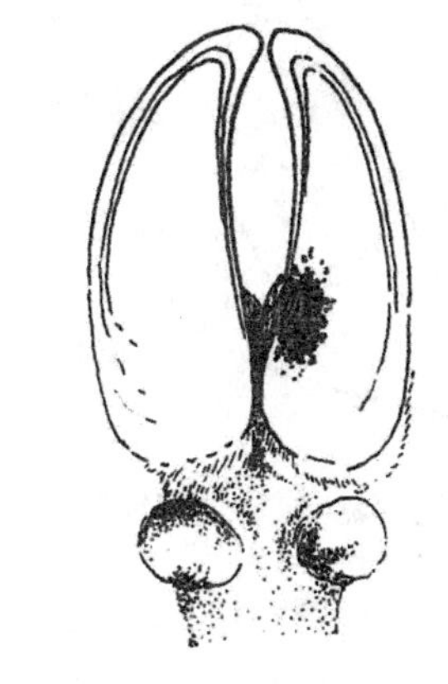

图 10-2　荷斯坦奶牛左后肢外侧趾局限性蹄皮炎

【症　状】　外观依病程、病变的严重程度及患病趾的数量不同，病牛表现轻度至重度跛行，导致产奶量下降。发生于后肢外侧趾时，肢常保持稍外展，用内侧趾负重，也可看到肢体的抖动，躺卧的时间增加，行走困难。

触诊患肢动脉跳动强，患侧蹄部发热。早期可见蹄底和蹄球结合部有脱色现象，压迫时感到发软，表现疼痛。后期角质可出现缺损，暴露出真皮，或者已长出菜花样或莲蓬状肉芽组织，易引起感染，形成化脓性炎症造成蹄冠部脓肿。

【治　疗】　先清理创口，切除游离的角质和坏死的真皮及组织，用防腐剂和收敛剂包扎。如感染化脓可用抗生素消炎，两指（趾）尖钻洞用金属丝固定于一起，用木块垫高健趾，以减少患趾负重，有助于康复。

（六）蹄　裂

蹄部发生纵向或横向裂纹（图10-3），多发于前肢，慢性的比急性的多见。

【病　因】　蹄冠部直接受到损伤，这通常是小的裂开。当奔跑、爬跨、跌倒时受到剧烈震荡，这通常是不完全裂开。干燥、热性病和营养代谢等也能诱发本病。

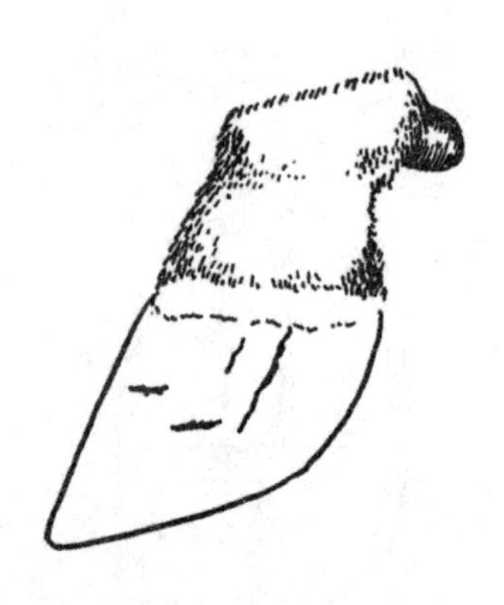

图 10-3　蹄纵裂和横裂

【症　状】　许多开裂通常是细而短的，不仔细检查很难判定。角质化表皮开裂不会影响行走。当裂口加大时，蹄深部组织发生感染而化脓，蹄冠部有明显的肿胀，甚至会延伸到趾关节，从而引起行走困难。

【治　疗】　在麻醉下用手术方法去除坏死组织和角质部分，创口彻底清洗消毒，用防腐剂绷带包扎，治疗期间要限制奶牛活动。

（七）蹄糜烂

又名慢性坏死性蹄皮炎，是奶牛常发的蹄病。

【病　因】　过长蹄、蹄角质变形、牛舍和运动场潮湿等是诱发本病的因素，主要是由结节状杆菌引起蹄糜烂。

【症　状】　本病发病进程缓慢，轻度发病很少引起跛行。轻病例只在底部、球部、轴侧沟有小的深色坑。偶尔在球部发展成严重的糜烂，长出恶性肉芽，可严重影响奶牛行走。

【预防与治疗】　定期对奶牛进行修蹄，对蹄角质过长变形的蹄部要及时进行修整。对患病蹄部要进行彻底清洁，清理所有的糜烂创口，应用硫酸铜和松馏油处理并绷带包扎。

（八）蹄深部组织化脓性炎症

本病是发生在蹄部的炎症，它包括化脓性蹄关节炎、化脓性腱炎、化脓性远籽骨滑膜囊炎和关节后脓肿。

【病　因】　常由其他蹄部炎症继发于蹄底和趾间隙的化脓性疾病。

【症　状】　由于蹄关节、趾部屈腱系统、远籽骨滑膜囊在结构上连接非常紧密，当某部位发生感染时会波及其他部位。蹄深部有化脓性炎症时，共同的症状是蹄冠部出现肿胀，重者肿胀可延伸到球节，呈一致性肿胀，关节僵直，蹄部发热，有重度跛行。化脓性炎症严重时，则顺组织向上周围扩散，甚至可出现全身性症状。

【预防与治疗】　经常保持牛床和运动场地清洁卫生，定期修蹄。如果发病，首先找到引起本病的病因，进行对症治疗。对于本病的治疗方法常采用手术引流、搔刮和固定等方法。

（九）外伤性蹄皮炎

外伤性蹄皮炎是由各种异物对蹄部造成的刺伤、挫伤或偶发伤，引起了真皮的炎症。如继发感染时，则引起化脓性蹄皮炎。

【病　因】　蹄底角质过度磨损、蹄底角质过薄或过软、某些变形蹄等都易被异物损伤。体重大的牛、育肥牛和妊娠母牛更容易受伤诱发本病。

【症　状】　受伤后可出现跛行，跛行的程度决定于损伤的类型、程度、大小和感染的程度。如异物还存在时，容易找到患部；

如异物已脱落，必须仔细检查才能确定患部，要注意刺伤处有湿的痕迹。蹄底挫伤，可见有不同大小和不同颜色的血斑痕迹。压迫挫伤，可感到角质有弹性，表现疼痛明显。已经感染形成化脓性蹄皮炎时，可有脓性渗出物从伤口流出，严重时可引起跛行，甚至引发有全身性症状。

【治　疗】　刺伤或已化脓时，必须扩开角质，排除渗出物或脓汁，清洗，灌注碘仿醚或其他药剂，用消毒纱布和脱脂棉包扎。注射破伤风血清，全身应用抗生素。

挫伤时，要适当限制奶牛活动，治疗上用甲醛或硫酸铜蹄浴，使角质变硬和防止感染，如挫伤严重或已感染时，要进行手术治疗。

（十）白线病

白线病是由一些尖锐的异物刺伤蹄部后真皮感染形成脓肿，导致连接蹄底和蹄壁的软角质分离。

【病　因】　变形蹄白线处易遭受刺伤，特别是牛舍和运动场潮湿、角质变软时常发本病。

【症　状】　通常侵害后肢的外侧趾。白线分离后，泥土、粪尿等异物易进入，将裂开的间隙堵塞，堵塞的异物极易引起感染（图10–4）。蹄冠深部感染后可引起蹄冠部脓肿和深部组织化脓。

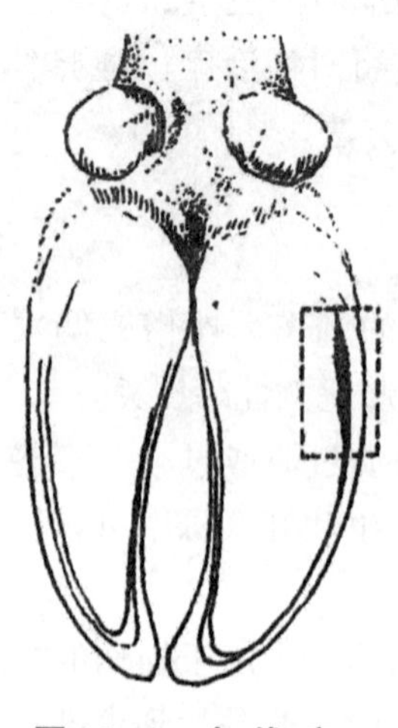

图 10–4　白线病

两后肢同时发病时，可掩盖跛行，直到一个蹄出现并发症时，才能被诊断出来。早期病例，很难诊断，因病变很小，容易被忽略，必须仔细切削，并清除松散的脏物才能发现较深处的泥沙和渗出物。严重时牛体重减轻，泌乳量明显下降。

【治　疗】　用蹄刀将白线裂口尽可能

扩大，清除其中碎土、草屑等杂物和脓汁，灌注碘酊后用麻丝浸松馏油填塞后包扎。感染严重时可全身用抗生素治疗。

二、乳房炎

乳房炎是指因细菌感染或理化刺激所引起乳腺炎症。其特点是乳汁的理化性质及细菌学的变化、乳腺组织的病理学变化。乳汁最重要的变化是颜色的改变，乳汁中有凝块及大量的细胞。临床上常用手触诊发现乳腺肿大和乳汁中白细胞数量来诊断本病。

【病　因】　引起乳房炎的病因主要有如下几种。

（1）病原微生物的感染　引起乳房炎的病原微生物包括细菌、真菌、病毒、支原体等，共有130多种，较常见的有20多种。根据其来源和传播方式通常分为传染性微生物和环境性微生物两大类。前者主要包括金黄色葡萄球菌、无乳链球菌、停乳链球菌和支原体等，此类微生物容易感染乳腺，并可通过人员或挤奶器械传播；后者最常见的有牛乳房链球菌、大肠杆菌、克雷伯氏菌、绿脓杆菌等，这些微生物通常寄生在牛体表皮肤及其周围环境中，正常情况下并不引起乳腺的感染；当奶牛的乳头、乳房外伤或挤奶器械被污染，病原体就会进入乳池引起乳腺感染。感染奶牛乳房炎的细菌主要有葡萄球菌、链球菌和大肠杆菌，这3种细菌引起的乳房炎占发病率的90%以上。

（2）人为因素　主要有牛舍、挤奶场所和挤奶器械消毒不严格，人员违反操作规程，挤奶手法不正确，不及时对奶牛实施科学的干奶期措施等都是诱发乳房炎的人为因素。另外，饲喂高能量、高蛋白质日粮虽然可促进产奶量的提高，但也容易诱发乳腺炎。

（3）环境因素　奶牛在高温、高湿季节处于应激状态，食欲减退，机体抵抗力降低，常常导致乳房炎发生。牛舍通风不良、地面潮湿、粪尿蓄积，运动场低洼不平、降水不及时排除，牛体不洁等这些因素会有利于环境性病原菌在牛体表的大量繁殖，从而诱发感染乳房炎。

（4）其他因素 随着奶牛年龄、胎次、泌乳期的增加和延长，奶牛体质、免疫功能下降，也可以增加乳房炎的发病率。结核病、布鲁氏菌病、胎衣不下、子宫炎等多种疾病在不同程度上也能继发乳房炎。应用激素治疗生殖系统疾病时，会导致奶牛体内激素失衡也是本病的诱因。

【分类和症状】

目前国内多采用美国国家乳房炎委员会于1978年采用的分类法。

第一，根据乳房和乳汁有无肉眼可见变化，可将乳房炎划分为非临床型（或亚临床型）乳房炎、临床型乳房炎和慢性乳房炎。

①非临床型（亚临床型）乳房炎 又称为隐型乳房炎。这类乳房炎的乳腺和乳汁无外观变化，但乳汁的电导率、体细胞数、pH值等理化指标已发生变化。大约有90%的奶牛场发生的乳房炎为隐形乳房炎。

②临床型乳房炎 这类乳房炎的临床症状通过外观就可以看到乳腺和乳汁变化。根据临床病变程度，可分为轻度临床型、重度临床型和急性全身性乳房炎。

轻度临床型乳房炎：乳腺组织病理变化及临床症状较轻，触诊乳房无明显异常，或有轻度发热、疼痛或肿胀，乳汁有絮状物或凝块，有的变稀，pH值偏碱性，体细胞数和氯化物含量增加。这类乳房炎只要治疗及时，痊愈率高。

重度临床型乳房炎：乳腺组织有较严重的病理变化，患病乳区急性肿胀，皮肤发红、发热，有硬块、疼痛敏感，患牛会拒绝触摸。产奶量减少，乳汁为黄白色或血清样，内有乳凝块。全身症状不明显，体温正常或略高，精神、食欲基本正常。这类乳房炎如及时治疗可以较快痊愈，预后一般良好。

急性全身性乳房炎：常在两次挤乳间隔突然发病，患病乳区肿胀严重，皮肤发红、发亮，乳头也随之肿胀。触诊乳房发热、疼痛，全乳区质硬，挤不出乳汁，或仅能挤出少量水样乳汁。患畜伴有全身症状，体温持续升高（40.5℃~41.5℃），心率增速，呼吸增加，精神萎靡，食欲减少，进而拒食、喜卧。因本病发展迅速如治疗不及时，可危及患畜生命。

③慢性乳房炎　本病通常是由于急性乳房炎没有得到及时治疗，使乳腺组织处于持续性发炎的状态。一般局部临床症状可能不明显，全身也无异常，但产奶量下降。反复发作可导致乳腺组织纤维化，乳房萎缩，这类乳房炎治疗意义不大，应视情况尽早淘汰。

第二，根据化验室能否检出病原菌及乳房、乳汁有无肉眼可见变化来分类。国际乳业联盟（IDF）于1985年根据乳汁能否分离出病原微生物，而将乳房炎分为感染性临床型乳房炎、感染性亚临床型乳房炎、非特异性临床型乳房炎和非特异性亚临床型乳房炎4种。

①感染性临床型乳房炎　化验室可检出乳汁中病原菌，乳房和乳汁有肉眼可见变化。

②感染性亚临床型乳房炎　化验室可检出乳汁中病原菌，但乳房和乳汁无肉眼可见变化。

③非特异性临床型乳房炎　乳房和乳汁有肉眼可见变化，但化验室检不出乳汁中病原菌。

④非特异性亚临床型乳房炎　乳房和乳汁无肉眼可见变化，乳汁无病原菌检出，但乳汁化验指标阳性。

第三，根据炎症过程和病理性质分类。可分为浆液性乳房炎、卡他性乳房炎、纤维蛋白性乳房炎、化脓性乳房炎、出血性乳房炎等。

①浆液性乳房炎　浆液及大量白细胞渗到乳房组织中，乳房出现红、肿、热、痛症状，乳上淋巴结发生肿胀，乳汁稀薄，含碎片状物质。

②卡他性乳房炎　因感染发炎导致脱落的乳腺上皮细胞及白细胞沉积于上皮表面随乳汁挤出，乳汁中可见絮片状物，乳房会出现红、肿、热、痛，严重时会出现全身症状。

③纤维蛋白性乳房炎　纤维蛋白沉积于乳腺上皮细胞及组织内，临床为重度急性炎症，乳上淋巴结肿胀。挤不出乳汁或挤出几滴清水。本型多为卡他性乳房炎发展而来，往往与化脓性乳房炎并发。

④化脓性乳房炎　可分为急性卡他性乳房炎，乳房脓肿和乳房蜂窝织炎。

急性卡他性乳房炎：由卡他性乳房炎转变而来，乳汁水样含絮片状物。较重的有全身症状。数日后转变为慢性，最后乳房萎缩硬化，乳汁稀薄或黏液样，乳量渐减直到消失。

乳房脓肿：触摸乳房可感觉到其中有多个小米至黄豆大的脓肿，个别的大脓肿充满乳区，有时向皮肤外破溃。乳上淋巴结肿胀。乳汁呈黏液脓样，含絮片状物。

乳房蜂窝织炎：为皮下或腺间结缔组织化脓，一般是与乳房外伤、浆液性炎、乳房脓肿并发。乳上淋巴结肿胀，乳量减少明显，乳汁中含有絮片状物。

⑤出血性乳房炎　深部组织及腺管出血，皮肤有红色斑点，乳上淋巴结肿胀，乳汁水样含絮片状物及血液，泌乳量明显减少。

【诊　断】　奶牛乳房炎的诊断，个体病牛的临床诊断重点针对临床型乳腺炎；群体临床诊断重点针对隐形乳房炎。

（1）临床型乳房炎的诊断　一直沿用乳房视诊和触诊、乳汁的肉眼观察及必要的身体检查，有条件的在治疗前可对分泌的乳汁进行微生物鉴定和药敏试验。

（2）隐形乳房炎的诊断　根据隐形乳房炎的临床症状及实验室理化指标检测（即乳汁体细胞数增加、pH值升高和电导率的改变等），来进行隐形乳房炎的诊断。

【治　疗】　乳房炎的治疗主要是针对临床型炎症，对隐形乳房炎采取控制和预防措施。对于临床型乳房炎，治疗原则是杀灭侵入的病原菌和消除炎症症状；而对于隐形乳房炎，是防治结合，预防病原菌侵入乳房，在炎症初始期进行治疗。

临床型乳房炎的疗效判定标准为：临床症状消失；产奶量及质量恢复正常（乳汁体细胞计数将至50万/毫升以下）；乳汁菌检阴性。后两点也是判定隐形乳房炎防治效果的标准。

药物治疗乳房炎时应该遵循以下原则：首先考虑选用有针对性的抗生素，尽量少用或不用广谱抗生素；禁止长期反复使用一种或两种抗生素，避免形成耐药菌株，造成牛群和人体的再度感染；用最小抑菌浓度低药物达到治疗效果；所用药物对乳房不能有刺激性，以免加重局部炎症，药物剂型应简便，使用时能节省人力；治疗期间的乳汁要丢弃处理，弃乳期的长短决定于治疗效果和药物的半衰期。

（1）常用药物治疗

①抗生素　抗生素仍是治疗乳房炎的首选药物，其次是磺胺类药。在选用抗生素前，先做奶样病原分离和药敏试验。为了达到最佳治疗效果，采奶样、做微生物培养和治疗同步进行。

治疗方法是采取乳房内、肌内或静脉全身给药。乳房内给药在每次挤完奶后进行。一般对亚急病例，乳房内给药即可，连续用药3天。急性病例，采取乳房内和全身给药相结合，至少连续用药3天。最急性病例，必须全身和乳房内同时给药，并结合静脉输液及选择其他消炎药物和对症治疗。

治疗乳房炎常用的抗生素有青霉素、链霉素、新生霉素、头孢霉素、红霉素、土霉素等。链球菌和金黄色葡萄球菌是我国奶牛乳房炎的主要病原菌。对链球菌感染的乳房炎首选青霉素和链霉素；对金黄色葡萄球菌感染的可采用青霉素、红霉素，亦可采用头孢霉素、新生霉素；对大肠杆菌感染的可采用大剂量双氢链霉素，也可采用庆大霉素、新霉素。不论采取哪种治疗方案都必须完全治愈。治疗所用的药物必须符合国家相关法律法规的规定要求。

《中华人民共和国食品安全卫生法》中规定，用抗生素治疗的泌乳母牛所产的乳，5天内不得作为食品销售。乳中药物残留排除的时间，抗生素类是用药后96小时，磺胺类药物是用药后72小时。

为了减少泌乳奶牛奶中抗生素的残留，也可使用缩宫素，一次肌内注射5~10单位，每4小时1次，尽量使乳中的病原菌及其毒素一起排出体外。

②中药制剂　为减少和避免乳中抗生素的残留，可以采用中草药制剂进行治疗。

六茜素：系六茜草的有效成分，具有高效、广谱抗菌。对于无乳链球菌、金黄色葡萄球菌引起的乳腺炎有特效。缺点是细菌的转阴率尚低于青霉素。

蒲公英：是治疗多种乳房炎中药方剂中的主要成分。例如，双丁注射液（蒲公英和紫花地丁）、复方蒲公英煎剂（含蒲公英、金银花、板蓝根、黄芩、当归等）、乳房宁一号（含蒲公英等9味中药）。据有关治疗结果表明，复方蒲公英煎剂治疗临床型乳腺炎，总有效率为90%以上，病原菌转阴率约为40%，乳房宁一号治疗隐性乳房炎，总有效率高于青、链霉素。

氯己定（洗必泰）：对革兰氏阳性菌、阴性菌和真菌均有较强的杀菌作用，而且不产生抗药性。乳房内给药对亚急性病例疗效最好，急性者次之，慢性者较差。

CD–01液：主要由醋酸氯己定等药物组成，不含抗生素成分，病原菌对其不产生抗药性。治疗临床型乳房炎，每日1次乳房内给药，每乳区注入100毫升，总有效率为50%以上，病原菌转阴率为75%以上。

苯扎溴铵（新洁尔灭）：适用于对抗生素已有耐药性的病例。100毫升蒸馏水中加入5%苯扎溴铵2毫升，乳房内给药，每乳区注入40~50毫升，按摩3~5分钟后挤净，再注入50毫升。每日2次。治疗临床型乳房炎一般2~6天可治愈，疗效稍优于青、链霉素。

蜂胶：有抗菌、防病、抗真菌、镇痛、抗肿瘤和刺激非特异免疫等功效。对抗生素治疗无效的临床型乳房炎有疗效，用药1~2次明显好转，一般需连续治疗5~11天。

（2）特殊药物治疗　乳房炎治疗的特殊药物主要指一些激

素、因子和酶类，包括地塞米松、尼氟泼尼龙等糖皮质激素类药物；阿司匹林、安乃近、保泰松等非类固醇类药物；白细胞介素、集落刺激因子、干扰素和肿瘤坏死因子等免疫调节细胞因子；细胞素、抗菌肽好溶酶菌等。特殊药物治疗要根据奶牛病情慎重选用。

【预 防】 奶牛乳房炎病因复杂，应采取预防为主、防治结合的原则。

（1）建立科学的饲养管理制度 建立、健全各生产阶段合理的饲养管理制度，尤其加强产前、产后管理。发现病牛及时隔离治疗，对无利用价值的奶牛应及时淘汰，并对场地彻底消毒。

（2）搞好环境和牛体卫生 引起奶牛乳房炎的病原菌平时就存在于牛体和环境中。搞好环境和牛体卫生就可以减少病菌的存在和感染的可能，如运动场平整、排水通畅、干燥，经常刷拭牛体，保持乳房清洁等。此外，要保护好奶牛场无特定疫病的小环境，防止外来病源感染传播。

（3）规范挤奶操作 手工挤奶时，一是要求挤奶人员技术熟练，二是在挤奶前做好牛体和乳房清洁卫生。每头牛用专用的消毒毛巾或纸巾。挤奶顺序是先健康牛，后患病牛。患病奶牛一定要专用容奶器，牛奶集中无害化处理，以免交叉感染。机器挤时，必须严格遵守操作规程，并定期评价机械的性能。挤奶前后均要严格做好机械管道、奶杯及其内鞘的清洗消毒。

（4）泌乳期乳头药浴 因为挤奶后1~2小时，乳头管松弛，细菌极易侵入乳房内部。将药液盛于特制的塑料乳头药浴杯中浸泡乳头，乳头药浴可杀灭附着在乳头管口及其周围和已侵入乳头管内的微生物，对预防乳房炎有积极作用。

挤奶前后乳头药浴常用的浸渍液体有0.1%~1%碘消灵、4%次氯酸钠、0.2%~0.55%氯己定、2%十二烷基苯磺酸、0.5%季铵盐及0.2%溴溶液等。药浴时间30秒钟，然后用单独的消毒毛巾或纸巾将乳头擦干。

（5）干奶期乳房保健 干奶期初期由于乳房中可能还有残留

奶汁，给病菌感染和繁殖概率增大。要随时检查进入干奶期的奶牛乳房健康状况，如出现红肿、胀痛、温度升高等异常情况，要立即进行处理。对于乳房炎的治疗，干奶期比泌乳期治疗效果好。

干奶期的预防主要是向乳房内注入有效期达4~8周的长效抗菌药物，这不仅能有效地治疗泌乳期间留下的感染，而且可预防干奶期新的感染。目前多使用青霉素（100万单位）、链霉素（100万单位）、单硬脂酸铝（3克）、医用花生油（80毫升）混合油膏或乳炎消等制剂进行乳房内给药。

（6）定期检测 定期或不定期对泌乳期奶牛进行隐形乳房炎监测是防止和控制乳腺炎蔓延的有效措施。奶牛发生乳房炎时，乳汁体细胞数、电导率、pH值及各种酶都发生不同程度的变化，可根据检测结果及时采取相应措施，做好记录，供牛群调整时参考。

三、奶牛子宫内膜炎

子宫内膜炎是子宫黏膜发生黏液性或化脓性炎症，为产后或流产后最常见的一种生殖器官疾病。

【病　因】 产房卫生差或在被粪、尿污染的地上分娩；临产母牛外阴、尾根部污染粪便而未彻底清洗消毒；助产或剥离胎衣时，术者的手臂、器械消毒不严；胎衣不下腐败分解，恶露停滞等，均可引起产后子宫内膜感染。

【症　状】 一般是在产后1周内发病，伴有体温升高，脉搏、呼吸加快，精神沉郁，食欲下降，反刍、泌乳减少等全身症状。患牛弓腰、举尾，有时努责。不时从阴道内流出大量红色或棕黄色黏液脓性分泌物，有腥臭味，内含有絮状物或胎衣碎片，患牛卧下或排尿时，分泌物排出量增多，尾根部可见到分泌物干痂。

直肠检查可发现子宫角变粗，宫壁增厚，稍硬，收缩反应弱。如子宫内渗出物蓄积，触摸时有波动感。

【预　防】　加强母牛的饲养管理，增强机体的抗病能力；配种、助产、剥离胎衣时必须按操作规程进行；产后要及时对子宫进行冲洗与消炎。对流产母牛的子宫必须及时处理。注意对牛床、牛舍的清洁与消毒。

【治　疗】　对症治疗措施是，主动排出子宫腔内的炎性渗出液。常用0.1%高锰酸钾液、0.02%呋喃西林液、0.02%新洁尔灭液、生理盐水等溶液冲洗子宫。在充分排除冲洗液后，再向子宫腔内注入抗生素。发生子宫壁全层炎，患牛全身症状重剧时，不易冲洗子宫，以免感染扩散，应直接向子宫内注入抗生素，并应进行全身注射抗生素和输液治疗等。

四、流　产

流产是由于母体或胎儿的正常生理状态失去平衡，从而使妊娠中断，可发生在妊娠期的各个阶段。

【病　因】　流产的病因很复杂，大致可分为传染性的（参见牛的传染病和寄生虫病）和非传染性的两大类。非传染性流产的原因主要有以下几个。

（1）胎儿及胎膜异常　包括胎儿畸形或胎儿器官发育异常，胎膜水肿，胎水过多或过少，胎盘炎症，胎盘畸形或发育不全，以及脐带水肿等。

（2）母牛的疾病　母牛患有肝、肾、心、肺、胃肠和神经系统疾病，大失血或贫血、生殖器官疾病或异常（子宫内膜炎、子宫发育不全、子宫颈炎、阴道炎、黄体发育不良）等。

（3）饲养管理不当　母牛长期营养缺乏，日粮成分单一，缺乏维生素和无机盐，饲料腐烂发霉，饮用冷水、冰渣水等。

（4）机械性损伤　受到惊吓、剧烈的跳跃、跌倒、抵撞和挤压及粗暴的直肠或阴道检查等。

（5）药物使用不当 使用大量的泻剂、利尿剂、麻醉剂和其他可引起子宫收缩的药品等。

习惯性流产多半是由于子宫内膜变性、硬结及瘢痕，子宫发育不全，近亲繁殖或卵巢功能障碍等引起。

【症　状】 一般母牛流产有先兆，如腹痛，起卧不安，呼吸、脉搏加快等，阴道有少量出血，阴道检查子宫口开张，经直肠检查胎动频繁，胎盘可能已开始剥离；在妊娠早期，特别是胚胎着床前后，胚胎死亡后被子宫吸收，母牛会表现出发情周期延长，又称隐性流产；在妊娠中后期流产排出死胎。

【预　防】 加强对妊娠母牛的饲养管理。如有流产发生，应详细调查，分析病因。如疑为传染病时应取羊水、胎膜及流产胎儿的胃内容物进行检验，无害化处理流产物，对污染场所进行彻底消毒。对胎衣不下及其他产后疾病，应及时对症治疗。

五、难　产

难产是由于母体或胎位异常所引起的胎儿不能顺利地通过产道的分娩疾病。难产不仅容易造成胎儿的死亡，而且有时甚至危及母牛的生命。因此，在母牛分娩时，必须密切观察母牛情况，做到及时发现及时助产。

【病　因】 牛发育不全，提早配种，骨盆和产道狭窄，加之胎儿过大，不能顺利产出；饲养管理不当，营养不良，运动不足，体质虚弱，老龄或患有全身性疾病的母牛引起子宫及腹壁收缩力微弱和产程努责无力；胎位、胎式不正，羊水破裂过早，均可使胎儿不能产出，成为难产。

【症　状】 母牛发生阵痛，起卧不安，时常弓腰努责，回头顾腹，阴门肿胀，从阴门流出红黄色浆液，有时露出部分胎衣，有时可见胎儿肢蹄或头，但胎儿长时间不能产出。

【治　疗】　难产的处理，以手术助产为主，必要时辅以药物治疗。

手术助产。患牛采取前低后高站立或侧卧保定。先将胎儿露出部分及母牛的会阴、尾根等处用温水洗净，再以0.1%新洁尔灭或2%来苏儿溶液冲洗消毒。各种助产用的器械也要做好消毒。术者手臂用药液消毒，并涂上润滑剂，然后将手伸入产道，检查胎位、产道是否正常及胎儿的生死情况。若属胎位不正，则矫正胎位；若胎儿过大而母牛骨盆过小，胎儿不能产出者，则采用剖宫产术或截胎术。检查时如胎儿活应母子兼顾，胎儿死则应顾母牛。当羊水流尽，产道干涩时，必须先向子宫内灌入适量的润滑剂，以润滑产道，便于矫正胎位及拉出胎儿，否则易造成子宫脱出或产道和阴门撕裂。矫正胎位须在子宫内进行，先将胎儿外出部分推入子宫内，再矫正胎位，向里推时，需在母牛努责间歇期进行。

六、奶牛酮病

奶牛酮病是因奶牛体内碳水化合物及挥发性脂肪酸代谢紊乱所引起的一种全身性功能失调的代谢性疾病。其特征是血液、尿、奶中的酮体含量增高，血糖浓度下降，消化功能紊乱，体重减轻，产奶量下降，或有神经症状。

【病　因】

（1）产前过度肥胖　干奶期奶牛日粮能量水平过高，容易造成母牛产前过度肥胖，严重影响产后采食量的恢复，出现能量负平衡，血糖过低造成体脂过量消耗产生大量酮体而发病。这种原因引起的酮病叫作消耗性酮病。

（2）高产　母牛产犊后4~6周即出现泌乳高峰，但母牛食欲恢复和采食量的高峰却在产犊后的8~10周出现。因此，在产犊后10周内，如能量和葡萄糖摄入不足，对产奶量较高的母牛来说，这种营养摄入和产奶高峰的错位就造成了酮病高发。

（3）日粮中营养不均衡或饲喂量不足 奶牛日粮供应量过少，品质低劣，饲料种类单一，日粮营养不平衡；或者精料中脂肪、蛋白含量过多，碳水化合物含量过低，粗饲料饲喂不足等。极易造成能量负平衡而发病。这种原因引起的酮病称为自发性或营养性酮病。

（4）其他因素 日粮中缺乏磷、钴、碘等矿物质，会导致奶牛酮病。寒冷、饥饿、过度挤奶等应激因素也能诱发酮病。

奶牛的酮病发生原因，可分为原发性酮病和继发性酮病。前者是因能量代谢紊乱，体内酮生成增多所致；后者是因其他疾病，如真胃变位、创伤性网胃炎、子宫炎、乳房炎等引起食欲下降、血糖浓度降低，导致脂肪代谢紊乱，酮含量增多所致。

【症　状】 母牛产犊后几天到几周内，临床上表现为两种类型，即消耗型和神经型。消耗型酮病占多数，但有些病牛同时存在消耗型症状和神经型症状。

（1）消耗型 病牛食欲降低，采食量减少，甚至拒绝采食青贮饲料，而采食少量干草。体重迅速下降，消瘦，腹围缩小。产奶量明显下降，乳汁容易形成泡沫，一般不停奶。皮下脂肪大量消耗，皮肤弹性降低。粪便干燥、量少，有时表面附有一层油膜或黏液。瘤胃蠕动减弱，甚至消失。

（2）神经型 初期兴奋，精神高度紧张、不安。流涎，磨牙，空嚼，顽固性舔舐饲槽或其他物品。视力下降，走路不辨方向，横冲直撞。有的全身肌肉紧张，步态踉跄，站立不稳，四肢叉开或相互交叉。有的肌肉震颤，吼叫，神经敏感。这种兴奋多呈间断性发作，每次发作约1小时，间隔8~10小时再重新发作。严重者不能站立，头屈向颈侧，昏睡。本类型发病突然。

【诊　断】

（1）症状诊断 本病多发生于产犊后的第一个泌乳月内，尤其在产后3周内，以3~6胎母牛发病最多，产奶量高的经产母牛比初产母牛发病率高。本病无明显的季节性，冬、春两季发病较多。

原发性酮病发生在产犊后几天至几周内，一般不难诊断，即血清酮含量在3.44毫摩/升（200毫克/升）以上，血糖降低，并伴有消化机能紊乱，体重减轻，产奶量下降，常伴发子宫内膜炎，繁殖功能障碍，休情期延长，人工授精率降低，间有神经症状。

隐性酮病牛临床症状不明显，一般在产后1个月内发病，病初血糖含量下降不显著，尿酮浓度升高，血液酮体浓度后期升高，产奶量稍下降。有些母牛具有反复发生酮病的病史。

（2）剖检诊断　部分病例，可见肝脏高度肿大、质脆，呈黄色。另外，垂体前叶及肾上腺皮质也有类似病变。

（3）实验室诊断　病理学特征为低糖血症，高酮血症、酮尿症、酮乳症，血浆游离脂肪酸浓度增高，肝糖原水平下降。血糖浓度从正常时2.8毫摩/升（500毫克/升）降至1.2~2.24毫摩/升（200~400毫克/升）。在临床实践中，采用快速简易定性法检测血液、尿液和乳汁中有无酮体存在。采用试剂为硝普钠1份、硫酸铵20份、无水碳酸钠20份，混合研细，取其粉末0.2克放在载玻片上，加待检样品2~3滴，若含酮体则立即出现紫红色。但需要指出的是，所有这些测定结果必须结合病史和临床症状进行综合分析。

亚临床酮病必须根据实验室检验结果进行诊断，其血清酮体含量在1.72~3.44毫摩/升（100~200毫克/升）。继发性酮病（如子宫炎、乳房炎、创伤性网胃炎、真胃变位等因食欲下降而引起的疾病）可根据血清酮体水平增高、原发病本身的特点及对葡萄糖或激素治疗无明显疗效而诊断。

本病诊断要点：主要发生于营养良好的高产奶牛。皮肤、呼出气体、尿液、乳汁等具有烂苹果味（酮味），加热后更加明显。乳汁、尿液易形成大量泡沫；尿、奶酮体检验呈阳性；应注意与乳热症相区别，乳热症多发生于产后1~3天，皮肤、呼出的气体、尿液、奶无特异性气味，尿、奶酮体检验呈阴性。奶牛患创伤性网胃炎、真胃变位及消化道阻塞等疾病时易继发酮病，应注意鉴别诊断。

【治　疗】　原则是根据病因调整日粮结构，增加碳水化合物饲料及优质牧草。

处方1：①1.5%葡萄糖注射液500~1 000毫升，地塞米松磷酸钠（或氢化可的松）注射液40毫克，5%碳酸氢钠注射液500毫升，辅酶A500单位，混合。用法：一次静脉注射，连用3天。必要时可重复或少量多次注射，以维持血糖的稳定。②甘油或丙二醇500克，用法：一次口服，每天2次，连用2天，随后每天250克，再用2天。也可用乳酸铵200克，灌服，每日1次，连用5日。单纯用这些药物疗效缓慢，与其他药物配合应用效果较好。

处方2：肌内注射醋酸可的松0.25~0.75克；或促肾上腺皮质激素（ACTH）200~800单位。

处方3：口服水合氯醛，每天2次，首次剂量为30克/头，正常量7克/头，连续服用3~5天。水合氯醛对大脑产生抑制作用，降低兴奋性，同时破坏瘤胃中的淀粉、刺激葡萄糖的产生和吸收，并通过瘤胃的发酵作用而提高丙酸的含量，在奶牛酮病和绵羊的妊娠毒血症中得到应用。

处方4：静脉注射10%葡萄糖酸钙注射液500毫升/次·头或5%氯化钙注射液200毫升/次·头，可缓解神经症状。

服用硫酸钴辅助治疗。每天100毫克/头。

【预　防】　对高度集约化饲养的奶牛，严格防止在泌乳结束前牛体过肥，全泌乳期应科学地控制牛的营养投入。

产前4~5周，逐步增加能量供给，直至产犊和泌乳高峰期。随着泌乳量增加，用于促使产奶的日粮也应增加。浓缩饲料应保持粗饲料和精饲料的合理比例。精饲料中粗蛋白含量以不超过18%为宜，碳水化合物应以磨碎玉米为好，因为其可避开瘤胃发酵作用而被消化，并可直接提供葡萄糖。在达到泌乳高峰期时，要定时饲喂精饲料，同时应适当增加奶牛运动。不要轻易改变日粮品种。泌乳高峰期后，饲料中碳水化合物可用大麦等替代玉米。此外，应供给优质的干草或青贮饲料。

在酮病的高发期，喂服丙酸钠（每次120克/头，每天2次，连用10天），也有较好的预防效果。

七、前胃弛缓

前胃弛缓是前胃（瘤胃、网胃、瓣胃）神经兴奋性降低，收缩力减弱，食物在前胃不能正常消化和向后移动，因而发生腐败分解，产生有毒物质，引起消化功能障碍和全身功能紊乱的一种疾病。临床主要表现为食欲减少，前胃蠕动减弱或停止，缺乏反刍和嗳气等。

【病　因】　长期饲喂粗硬劣质难以消化的饲料，如麦糠秕壳、半干的甘薯藤、豆秸等；其次是饲喂品质不良的草料，如发酵、腐烂、变质的青草和青贮饲料、酒糟、豆渣、甘薯渣等。日粮单一、调制不当、饲喂过冷过热饲料、突然变换日粮或饲草等也可引起本病的发生。另外，瘤胃臌气、瘤胃积食、创伤性网胃炎、瓣胃阻塞、皱胃变位及酮病等疾病常可继发前胃弛缓。

【症　状】　病牛精神沉郁，采食量减少，喜食青绿的粗饲料，拒绝采食精饲料。鼻镜干燥，经常磨牙，反刍、嗳气减少或停止采食。瘤胃蠕动减弱或停止，触诊瘤胃松软，常呈现间歇性臌气。网胃及瓣胃蠕动音减弱或消失。病牛不采食时腹部大小正常，稍采食即发生臌气。口腔黏膜潮红，唾液黏稠，气味难闻。病初排粪减少，粪便干硬色暗，呈黑色，表面覆有黏液，严重后发生腹泻，排棕色粥样或水样稀便，气味恶臭。

体温、脉搏、呼吸一般无明显变化。继发瘤胃臌气时，呼吸困难；继发肠炎时体温升高。

【诊　断】　采食突然减少或废绝，反刍减少或停止，瘤胃兴奋性降低、收缩力减弱，蠕动力量减弱，甚至消失，可初步做出诊断。

【预　防】　加强科学饲养管理，合理调配饲料，不喂霉败、冰冻等品质不良的饲料，不突然更换饲草饲料，保持牛舍和环境卫生，保证适当的运动。

【治　疗】　本病的治疗原则是消除病因，加强瘤胃蠕动功能，防止异常发酵和腐败。

发病初期绝食1~2天，以后喂给优质饲草和易消化的饲料，要少给勤添，多饮清水。

改善瘤胃中微生物环境有助于本病的恢复。对病牛应口服碳酸氢钠30克，或用2%~3%的碳酸氢钠洗胃。为了恢复瘤胃中有益微生物菌群，可用健康牛的纤毛虫接种，即从健康牛口中迅速取得反刍食团投给病牛，亦可利用胃管吸取健康牛的瘤胃液，或用温水桶从屠宰场取得新鲜瘤胃内容物。在接种前，最好先从病牛取样，观察瘤胃的pH值、纤毛虫的数量及活性。

为了提高瘤胃的兴奋度，可应用拟胆碱药物，如新斯的明，皮下注射20~60毫克/次·头；一般治疗方法是用其最低量，每隔2~3小时注射1次。亦可使用卡巴胆碱皮下注射4~6毫克/次·头或毛果芸香碱20~50毫克/次·头。

用“促反刍液”500~1 000毫升/次·头（每500毫升含氯化钠25克，氯化钙5克，安钠咖1克）一次静脉注射；或用10%氯化钠注射液（0.1克/千克体重），内加10%安钠咖20~30毫升/次·头，一次静脉注射也有良好效果。有中毒症状时，可静脉注射25%葡萄糖注射液500~1 000毫升/次·头。也可用松节油30毫升/次·头，加适量水灌服或鱼石脂10~15克/次·头，防止瘤胃继续腐败发酵；便秘时可给硫酸钠或硫酸镁100~300克/次·头；出现胃肠道炎症时，可按说明或兽医给的剂量服用磺胺制剂及黄连素等。

在治疗恢复期，可给病牛投喂健胃药。

八、瘤胃积食

瘤胃积食也叫急性瘤胃扩张，是由于采食大量难消化、易膨胀的饲料所致。

【病　因】　牛采食过多不易消化的粗纤维饲料，如麦草、谷草、稻草、豆秸及其他粗干草等；过食大量的精饲料，如豆类、谷类等。此外，突然由粗饲料转换为精饲料，由放牧转为舍饲，由劣质草料转换为优良草料时均可导致本病的发生。

【症　状】　本病的发作较迅速。病初食欲、反刍、嗳气减少或停止。背弓起，回头顾腹，后肢踢腹，磨牙，呻吟，时起时卧。瘤胃蠕动减弱或完全停止。左腹中下部增大，触诊坚硬或呈面团样；叩诊呈浊音，鼻镜干燥，鼻孔有黏脓性分泌物。通常排软粪或腹泻，粪呈黑色，恶臭。一般体温不高，但呼吸心跳加快。后期出现脱水、酸中毒、昏迷症状。病程延长时出现嗜睡、肌肉震颤、后躯摇晃及轻微的运动失调。

过食豆谷所引起的瘤胃积食，通常呈急性。表现为中枢神经兴奋性增高，有神经症状，视力出现障碍，直肠检查可摸到未消化的饲料颗粒；脱水、酸中毒较严重，有时出现蹄叶炎。

【诊　断】　通常可通过采食做出诊断。对病史不清者，应与瘤胃臌气、前胃弛缓、创伤性网胃炎、乳热症、肠毒血症等加以区别。

【预　防】　加强饲养管理，防止过食，粗饲料要适当加工软化后再喂，禁止突然变换饲料，母牛产奶期加喂精饲料时要采取逐渐增加的方式。

【治　疗】　治疗瘤胃积食，关键在于排除瘤胃内容物，根据病程可采用促进瘤胃蠕动和泻下的药物及洗胃的治疗方法。

轻度症状的病牛，按摩瘤胃以刺激瘤胃的蠕动，每1~2小时按摩1次，每次10~20分钟，如能结合按摩灌服大量温水，则效果更好。也可内服酵母粉500~1 000克/头，每天2次。中毒症状的病牛，可内服泻剂，如硫酸镁或硫酸钠500~800克/次·头，加松节油30~40毫升/次·头，常温水5~8升/头，一次灌服；或液状石蜡1~2升/头，一次内服；也可以用盐类泻剂与油类泻剂并用。

促进瘤胃蠕动可静脉注射10%氯化钠注射液300~500毫升/次·头

或“促反刍液”500~1 000毫升/次·头，效果良好。

对较顽固的病例，在静脉注射“促反刍液”的同时进行洗胃，以便排除瘤胃内容物。在治疗的同时可酌情使用健胃剂。

病牛饮食欲废绝，脱水明显时，可用25%葡萄糖液500~1 000毫升/次·头，复方氯化钠液或5%葡萄糖氯化钠注射液3 000~4 000毫升/次·头，5%碳酸氢钠注射液500~1 000毫升等/次·头，一次静脉注射。

重症而顽固的瘤胃积食，应用药物不见效果时，可行瘤胃切开术，取出瘤胃内容物。

九、瘤胃酸中毒

瘤胃酸中毒是因采食大量的谷类或其他富含碳水化合物的饲料后，导致瘤胃内产生大量乳酸而引起的一种急性代谢性酸中毒。其特征为消化障碍、瘤胃蠕动停滞、全身脱水、酸血症、运动失调、衰弱，常导致死亡。本病又称乳酸中毒，反刍动物过食谷物、谷物性积食、乳酸性消化不良、中毒性消化不良、中毒性积食等。

【病　因】　常见的病因主要有下列几种。

牛采食大量谷物。如大麦、小麦、玉米、稻谷、高粱及甘薯干，特别是粉碎后的谷物，在瘤胃内高度发酵，产生大量的乳酸而引起瘤胃酸中毒。

奶牛生产中常因饲料混合不匀，而采食过多精饲料后易发本病。

饲养管理不当。牛闯进饲料房、粮食或饲料仓库或晒谷场，短时间内采食了大量的谷物或豆类、畜禽的配合饲料，而发生急性瘤胃酸中毒。

当牛采食苹果、青玉米、甘薯、马铃薯、甜菜及发酵不完全的饲料时也易发病。

【症　状】　轻微的瘤胃酸中毒不需治疗，3~4天后能自愈。

中等瘤胃酸中毒病例，精神沉郁，鼻镜干燥，食欲废绝，反刍停止，流涎，磨牙，粪便稀软或呈水样、有酸臭味。体温正常或偏低。如果在炎热季节，体温也可升高至41℃。呼吸急促，50次/分以上；脉搏达80~100次/分。瘤胃蠕动音减弱或消失，听—叩结合检查有明显的钢管叩击音。以粗饲料为日粮的牛在吞食大量谷物之后发病，触诊时，瘤胃内容物坚实，呈面团感。而吞食少量而发病的病畜，瘤胃并不胀满。过食黄豆有明显的瘤胃酸胀。病牛皮肤干燥，弹性降低，眼窝凹陷，尿量减少或无尿；血液暗红，黏稠。病牛虚弱或卧地不起。瘤胃内容物pH值为5~6，纤毛虫明显减少或消失，有大量的革兰氏阳性细菌；血液pH值降至6.9以下，红细胞压积容量上升至50%~60%，血液CO_2结合力显著降低，血液乳酸和无机磷酸盐升高；尿液pH值降至5左右。

重症瘤胃酸中毒的病例，病牛蹒跚而行，眼反射减弱或消失，瞳孔对光反射迟钝；卧地，头回视腹部，对任何刺激的反应都明显下降；有的病牛兴奋不安，向前狂奔或转圈运动，视觉障碍，以角抵墙，无法控制。随病情发展，后肢麻痹、瘫痪、卧地不起；最后角弓反张，昏迷而死。

最急性病例，往往在过多采食谷类饲料后3~5小时无明显症状而突然死亡，有的仅见精神沉郁、昏迷，而后很快死亡。

【诊　断】

（1）症状诊断　根据脱水，瘤胃胀满，卧地不起，具有蹄叶炎和神经症状，结合过度采食豆类、谷类或含丰富碳水化合物饲料的情况，可做出初步诊断。

（2）剖检诊断　发病后于24~48小时死亡的急性病例，其瘤胃和网胃中充满酸臭的内容物，黏膜呈玉米糊状，容易擦掉，露出暗色斑块，底部出血；血液浓稠，呈暗红色；内脏静脉淤血、出血和水肿；肝脏肿大，实质脆弱；心内膜和心外膜出血。病程持续4~7天后死亡的病例，瘤胃壁与网胃壁坏死，黏膜脱落，呈袋状溃疡，边缘红色。被侵害的瘤胃壁区增厚3~4倍，呈暗红色，形成隆起，表面有浆液渗出，组织脆弱，切面呈胶冻状。脑及脑膜充血；淋巴结和其他实质器官均有不同程度的瘀血，出血和水肿。

（3）实验室诊断 瘤胃液pH值下降至4.5~5，血液pH值降至6.9以下，血液乳酸升高等。但必须注意，病程一旦超过24小时，由于唾液的缓冲作用和血浆的稀释，瘤胃内pH值通常可回升至6.5~7，但酸/碱和电解质水平仍显示代谢性酸中毒。

（4）鉴别诊断 在兽医临床上，应注意与瘤胃积食、皱胃阻塞、皱胃变位、急性弥漫性腹膜炎、乳热症、牛原发性酮血症、脑炎和霉玉米中毒等疾病进行鉴别，以免误诊。

【治　疗】 加强护理，清除瘤胃内容物，清除引起酸中毒的病因，补充体液，恢复瘤胃蠕动。

治疗措施：重症病牛（心率100次/分以上，瘤胃内容物pH值降至5以下）宜行瘤胃切开术，排空内容物，用3%碳酸氢钠或温水洗涤瘤胃数次，尽可能彻底地洗去乳酸。然后，向瘤胃内放置适量轻泻剂和优质干草，条件允许时可投放健康牛瘤胃的内容物。

对症治疗：洗胃，泻下，镇静，缓解酸中毒，强心。

处方1：①液状石蜡（或植物油）1 500毫升/次·头，碳酸氢钠150克/次·头，灌服。碳酸氢钠可装入纸袋中投服。②新斯的明注射液20毫克/次·头，肌内注射，2小时重复1次。③氯丙嗪注射液400毫克/次·头，肌内注射。④5%碳酸氢钠注射液750~1 000毫升/次·头，地塞米松注射液30毫克/次·头，维生素C注射液10克/次·头，复方氯化钠注射液8 000毫升/次·头；静脉注射。

处方2：①1.3%碳酸氢钠液，温水，通常需要30~80升反复轮换冲洗瘤胃，排液应充分以保证效果。②灌服碳酸氢钠300~500克/次·头，温水适量。③静脉注射氯化钙注射液5~15克/次·头，复方氯化钠注射液8 000毫升/次·头。

处方3：静脉注射5%碳酸氢钠注射液15~30克/次·头。

处方4：静脉注射5%葡萄糖氯化钠注射液3 000~5 000毫升/次·头，20%安钠咖注射液10~20毫升/次·头，40%乌洛托品注射液

40~100毫升/次·头。本处方适用于脱水严重的病牛。

处方5：静脉或肌内注射地塞米松60~100毫克/次·头。10%葡萄糖酸钙注射液300~500毫升/次·头。本方适用于血钙下降明显，出现休克症状病牛。

处方6：静脉注射5%碳酸氢钠注射液300~600毫升/次·头，5%葡萄糖氯化钠注射液3 000~5 000毫升/次·头，20%安钠咖注射液10~20毫升/次·头，"促反刍液"300~500毫升/次·头，5%氯化钙注射液150~300毫升/次·头。本方适用于病牛心率低于100次/分，轻度脱水，瘤胃尚有一定蠕动功能的病牛。

处方7：①安溴注射液100毫升，用法：静脉注射。②盐酸氯丙嗪注射液0.5~1毫克/千克，用法：肌内注射。③10%硫代硫酸钠注射液150~200毫升，用法：静脉注射。④10%维生素C注射液30毫升，用法：肌内注射。本方适用于过食黄豆发生神经症状的病牛。

处方8：静脉注射甘露醇或山梨醇，0.5~1克/千克，用5%葡萄糖氯化钠注射液以1∶4比例配制，适用于降低颅内压，防止脑水肿，缓解神经症状。

【护　理】　在患病初期18~24小时要限制饮水量。在恢复阶段，应喂以品质良好的干草而不应投喂谷物和精料补充料，以后再逐渐加入谷物和精料补充料。

十、口　蹄　疫

口蹄疫俗称"口疮""蹄癀"，是由口蹄疫病毒引起的牛的一种急性高度接触性人兽共患病。临床上以口腔黏膜、蹄部及乳房皮肤发生水疱和溃烂为特征。本病有强烈的传染性，一旦发病，传播速度很快，往往造成大流行，不易控制和消灭。因此，世界动物卫生组织（OIE）一直将本病列为A类动物疫病。

【病　原】　口蹄疫病毒属小核糖核酸病毒科，口蹄疫病毒属。分为7个血清型，即A、O、C、南非1、南非2、南非3和亚洲1

型，其中以A、O两型分布最广，危害最大。病毒具有多型性和易变性等特点，彼此无交叉免疫性，病毒的这种特性，给本病的检疫、防疫带来很大困难。

口蹄疫病毒对外界因素的抵抗力较强，不怕干燥。在自然情况下，含毒组织和污染的饲料、饲草、皮毛及土壤等可保持传染性达数周至数月之久。粪便中的病毒，在温暖的季节可存活29~33天，在冻结条件下可以越冬。但对酸和碱敏感，易被酸性和碱性消毒药杀死。

【流行特点】 本病的发生没有严格的季节性，一般冬、春季较易发生大流行，夏季减缓或平息。病牛或带毒牛是最危险的传染源。主要是直接接触或间接接触通过消化道、呼吸道、损伤的皮肤和黏膜感染。

【临床症状】 本病潜伏期2~4天，最长可达1周左右。感染后病牛体温升高达41℃~42℃，精神委顿，食欲减退，闭口流涎，1~2天后，唇内面、牙龈、舌面和颊部黏膜发生水疱，破溃后形成浅表的红色烂斑。病牛采食和反刍停止。水疱破裂后，体温下降，全身症状好转。在口腔发生水疱的同时或稍后，蹄冠、蹄叉、蹄踵部皮肤表现热、肿、痛，继而发生水疱，并很快破溃后形成烂斑，病牛跛行，如不继发感染则可自愈。如蹄部继发细菌感染，局部化脓坏死，则病程延长，甚至蹄匣脱落。病牛的乳头皮肤有时也可出现水疱、烂斑。感染本病的妊娠母牛会习惯性流产。哺乳犊牛患病时，水疱症状不明显，常呈急性胃肠炎和心肌炎症状而突然死亡（恶性口蹄疫），病死率高达20%~50%。

【诊　断】 根据流行特点和临床症状可初步诊断。本病应与牛黏膜病、牛恶性卡他热、水疱性口炎加以区别。

（1）牛黏膜病 口黏膜有与口蹄疫相似的糜烂，但无明显水疱过程，糜烂灶小而浅表，以腹泻为主要症状。

（2）牛恶性卡他热 除口腔黏膜有糜烂外，鼻黏膜和鼻镜上也有坏死过程，还有全眼球炎、角膜混浊，全身症状严重，病死率

很高。

（3）水疱性口炎　口腔病变与口蹄疫相似，但较少侵害蹄部和乳房皮肤。常在一定地区呈点状发生，发病率和病死率都很低，多发于夏季和秋初。

【预　防】　在疫区、受威胁区域采取强制性免疫接种口蹄疫疫苗。

发现口蹄疫时，应采取下列措施：①报告：立即向当地动物防疫监督机构报告疫情，划定疫点、疫区，由当地县级人民政府实行封锁，并通知毗邻地区加强防范，以免扩大传播。②送检：采患牛发病处水疱皮和水疱液等病料，送检定型。③隔离：对全群奶牛进行检疫，并立即隔离病牛。④扑杀：扑杀病牛和同群牛。按照“早、快、严、小”的原则，进行控制、扑灭。禁止病牛外运，杜绝易感动物调入。饲养人员要严格执行消毒制度和措施。⑤紧急接种：实行紧急预防接种，对假定健康动物、受威胁区动物实施预防接种。建立免疫带，防止口蹄疫从疫区传出。⑥消毒：疫点要严格消毒，粪便堆积发酵处理。牛舍、场地及用具用2%~4%火碱液消毒。⑦在最后1头病牛扑杀后，经14天无新病例出现时，经过彻底消毒后，由发布封锁令的政府宣布解除封锁。

十一、牛巴氏杆菌病

牛巴氏杆菌病又称牛出血性败血症，是牛的一种急性、热性传染病。以发生高热、肺炎和内脏广泛出血为特征。

【病　原】　本病病原为多杀性巴氏杆菌，是一种细小的球杆菌，不能运动，无鞭毛，不形成芽孢，革兰氏染色阴性。亚甲蓝或姬姆萨氏染色，可见菌体两端浓染，中间着色浅，故又称两极杆菌，普通消毒药常用浓度即可杀灭。

【流行病学】　广泛存在于病牛全身各组织、体液、分泌物及排泄物里，健康牛的上呼吸道也可能带菌。

本病主要通过消化道、呼吸道感染，也可经外伤和昆虫的叮咬引起感染。一般无明显的季节性，但冷热交替、天气剧变、闷热、潮湿、多雨的时期发病较多。一般为散发，有时呈区域性流行性。

【症　状】 本病潜伏期2~5天，根据临床症状可分为败血型、肺炎型和水肿型3种。

（1）败血型 初期病牛体温升高达41℃~42℃，精神沉郁，没有食欲，呼吸困难，黏膜发绀，泌乳及反刍停止。鼻镜干燥，继而腹痛腹泻，粪便恶臭并混有黏膜片及血液，有时鼻孔内、尿中有血。腹泻开始后，体温随之下降，迅速死亡。病期多为12~24小时。

（2）肺炎型 此型最常见。病牛表现为纤维素性胸膜肺炎（也称为大叶性肺炎）症状。除全身症状外，伴有痛性干咳，流浆液性以至脓性鼻液。胸区压痛，叩诊一侧或两侧有浊音区；听诊有支气管呼吸音和啰音。严重时，呼吸高度困难，头颈前伸，张口伸舌，病牛常迅速死于窒息。2岁以内的小牛，常严重腹泻并混有血液。病程一般为1周左右，有的病牛转变为慢性。

（3）水肿型 病牛前胸和头颈部水肿，严重者波及下腹部。初期肿胀部热而硬，病牛痛感强烈，后期肿胀部变凉，疼痛减轻。舌咽部肿胀严重，呼吸困难，眼部红肿、流泪。病牛常因窒息死亡，也常常出现腹泻，病程2~3天。

【病　变】 败血型呈现败血症变化，黏膜和内脏表面有广泛点状出血。淋巴结现囊肿，有弥漫性出血，胃肠黏膜发生急性卡他性炎症；水肿型于肿胀部皮下结缔组织呈现胶样浸润，切开即流出较多黄色透明液体，淋巴结、肝、肾和心脏等实质器官发生变性；肺炎型肺部有不同程度的肝变区，内有干酪样坏死，切面呈大理石状。胸腔中有大量浆液性纤维素性渗出液，心包呈纤维素性心包炎，心包与胸膜粘连。胸部淋巴结肿大，切面呈暗红色，散布有出血点。

【诊　断】 根据流行特点、临床症状和剖检变化，可初步诊断；但确诊必须进行细菌学检查。由病变部采取组织和渗出液涂片，用亚甲蓝或姬姆萨氏染色后镜检，如从各种病料的涂片中均见到两端浓染的椭圆形小杆菌，即可确诊。也可进行细菌分离鉴定。

【预　防】　①平时应加强饲养管理和环境清洁卫生，消除疾病诱因，增强奶牛体质和抗病能力。②严格隔离病牛和疑似病牛。用5%漂白粉或10%石灰乳对污染的圈舍、场地和用具进行消毒。粪便和垫草进行堆积发酵处理。③发过病的地区，每年接种牛出血性败血症氢氧化铝菌苗1次，体重200千克以上的牛6毫升，小牛4毫升，经皮下或肌内注射，均有较好的效果。

【治　疗】　①患病早期应用抗出血性败血症血清进行皮下注射100~200毫升/头，每日1次，连用2~3天，可收到较好的治疗效果。②对急性病牛，可用大剂量四环素，每千克体重50~100毫克，溶于5%葡萄糖氯化钠溶液，制成0.5%注射液静脉注射，每天2次，效果很好。

十二、犊牛大肠杆菌病

犊牛大肠杆菌病是由致病性大肠杆菌引起的一种急性传染病。其临床特征是排灰白色稀便（故又称犊牛白痢）或呈急性败血症症状。

【病　原】　由多种血清型的病原性大肠杆菌所引起。致病性菌株一般能产生1种内毒素和1~2种肠毒素。本病菌是两端钝圆的中等大小的杆菌，无芽孢，有鞭毛，能运动。一般不形成荚膜，革兰氏染色阴性，为兼性厌氧菌。本病菌对外界环境抵抗力不强，50℃加热30分钟，60℃15分钟即死亡，一般常用消毒药即可杀灭。

【流行病学】　本病多见于出生7~10天的犊牛。主要感染途径是消化道，也可经子宫内或脐带感染。在冬、春季节发病较多。营养不良、饲料中缺乏足够的维生素、蛋白质、乳房不洁、幼犊生后未食初乳或哺乳不及时等亦可促使本病的发生或病情加重。呈散发或地方流行性，放牧季节少见。

【症　状】　本病潜伏期很短。在临床上可分为以下3型。

（1）败血型 病犊表现发热，体温升高达40℃，精神沉郁，食欲废绝，腹泻，粪便呈黄色或灰白色，混有未消化的凝乳块、血丝和气泡，恶臭。常在出现症状后数小时至1天内死亡，有时未见明显症状即突然死亡。可从血液和内脏中分离到致病性大肠杆菌。病死率可达80%~100%。

（2）肠毒血症型 常突然死亡。如病程稍长，则可见到典型的中毒性神经症状，先兴奋不安，后变沉郁、昏迷而死亡，死前多有腹泻症状。由于特异血清型的大肠杆菌增殖产生毒素吸收后引起，没有菌血症。

（3）肠炎型 病初体温升高达40℃，食欲减退，喜躺卧。粪便初如粥样，黄色；后呈水样，灰白色，混有未消化的凝乳块、凝血及泡沫，有酸臭气味，体温降至正常，病后期肛门失禁。腹痛，常用后肢踢腹。病程长的可出现肺炎及关节炎症状。治疗及时一般可治愈，但发育迟缓。

【病　变】 剖检败血型和肠毒血症型死亡的病犊，常无明显的病理变化。肠炎型死亡的病犊，可见胃黏膜充血、水肿，覆有胶状黏液，皱襞部有出血；小肠黏膜充血、出血，部分黏膜上皮脱落；肠内容物混有血液和气泡，恶臭；肠系膜淋巴结肿大，肝脏和肾脏苍白，有时有出血点，胆囊内充满黏稠暗绿色胆汁；心内膜有出血点。病程长的病例有肺炎及关节炎病变。

【诊　断】 根据流行病学、临床症状和病理变化可初步诊断。确诊需进行细菌学检查。

【预　防】 控制本病重在预防。妊娠母牛应加强产前产后的饲养管理，保持乳房和牛舍清洁，犊牛应及时吃足初乳，防止各种应激因素的不良影响。另外，让犊牛自由饮用0.1%高锰酸钾水，也可收到较好的预防效果。

【治　疗】 ①内服高锰酸钾水可收到较好效果，每次4~8克，配成0.5%溶液灌服，每天2~3次。②硫酸黄连素，2~4毫升肌内注射，每6小时1次，连用2次。③新霉素，每千克体重0.05克，内服，

每天2~3次。

同时，进行静脉注射补液治疗酸中毒。

十三、牛结核病

结核病是由结核分枝杆菌引起的一种人兽共患的慢性传染病。其病理特征是多种组织器官形成结核性肉芽肿（结核结节），结节中心干酪样坏死或钙化。

【病　原】　结核分枝杆菌分为3型，即牛型、人型及禽型。这3种杆菌都可感染人、家畜、家禽。革兰氏染色阳性，对外界抵抗力较强，耐干燥和湿冷，但不耐热，60℃ 30分钟即可杀死，100℃沸水中立即死亡。常用消毒药，如5%来苏儿、3%~5%甲醛液、70%酒精、10%漂白粉混悬液等均可杀灭。

【流行病学】　结核杆菌随鼻汁、唾液、痰液、粪尿和乳汁等排出体外，污染饲料、饮水、空气和周围环境。健康牛通过呼吸道和消化道而感染，犊牛以消化道感染为主。本病多为散发或地方性流行。厩舍拥挤、卫生不良、营养不足可诱发本病。

【症　状】　本病潜伏期一般为10~45天，也可长达数月甚至数年。根据侵害部位的不同，本病分为以下几个类型。

（1）肺结核　病牛病初有短促干咳，随着病程的进展变为湿咳，咳嗽加重、频繁，并有淡黄色黏液或脓性鼻液流出。呼吸次数增加，甚至呼吸困难。病牛食欲下降，日渐消瘦，贫血，产奶减少，体表淋巴结肿大，体温较正常稍高。病情发展严重可导致患牛因心力衰竭而死亡。

（2）乳房结核　病牛乳房淋巴结肿大，常在后方乳腺区发生结核。乳房表面呈现大小不等、凹凸不平的硬结，乳房硬肿，泌乳量减少，乳汁稀薄，严重者产奶停止。

（3）淋巴结核　多发生于病牛的体表，可见局部硬肿变形，有时有破溃，形成不易愈合的溃疡。常见于肩前、腹股沟、颌下、

咽及颈淋巴结等。

（4）肠结核 多见于犊牛。表现消化不良，食欲不振，腹泻与便秘交替。继而发展为顽固性腹泻，迅速消瘦。病情发展到肝、肠系膜淋巴结等腹腔器官组织时，通过直肠检查可以辨认本病。

【诊 断】 在牛群中发现有消瘦、咳嗽、肺部听诊异常、慢性乳房炎、顽固性腹泻、体表淋巴结慢性肿胀等症状的牛，可作为初步诊断的依据。但在不同情况下，须结合流行病学、临床症状、病理变化、结核菌素试验，以及细菌学试验和血清学试验等综合诊断较为切实可靠。

【预防与治疗】 主要采取检疫、隔离、消毒和淘汰阳性牛等综合性防疫措施。①健康牛群每年春、秋两季用结核菌素结合临诊检查进行检疫，发现病牛按污染群对待。②污染牛群要进行反复多次的检疫，淘汰阳性反应牛。如阳性反应牛数量大，可集中隔离饲养，用以培育健康牛犊。③加强消毒工作，每年进行2~4次预防性消毒。可对环境和用具进行消毒，每月1次。消毒药可用20%石灰水、10%漂白粉、3%甲醛液或3~5%来苏儿溶液。④结核病患者不得从事与奶牛饲养管理、防疫等相关工作。

患结核病牛的治疗费用较高，一般直接淘汰病牛。

十四、牛布鲁氏菌病

布鲁氏菌病是由布鲁氏杆菌引起的人兽共患传染病。其特征是生殖器官和胎膜发炎，引起流产、不育和各种组织的局部病灶。

【病 原】 本病原是一种微小、近似球状的杆菌，形态不规则，不形成芽孢，无荚膜，革兰氏染色阴性，在有氧和厌氧下都能生存。本病菌对热抵抗力不强，60℃ 30分钟即可杀死。对干燥抵抗力较强，在干燥土壤中，可生存2个月以上。在毛、皮中可生存3~4个月。对日光照射以及一般消毒剂的抵抗力不强。本病菌有很强的侵袭力，不仅能从损伤的黏膜、皮肤侵入机体，也可从正常的皮肤

黏膜侵入机体。

【流行病学】　病牛是本病主要的传染源。特别是受感染的妊娠母牛，它们在流产或分娩时将大量布鲁氏菌随着胎儿、胎水和胎衣排出，流产后的阴道分泌物及乳汁中都含有布鲁氏菌。本病的传播途径是消化道，即通过污染的饲料与饮水而感染。另外，也可通过直接接触传染，如接触了污染的用具，或者与病牛交配、皮肤或黏膜的直接接触感染。本病常呈地方性流行。新发病牛群流产可发生于不同的胎次，常发病牛群初产母牛易发本病。

【症　状】　患本病母牛流产多发生在妊娠后第6~8个月，产出死胎或弱胎。流产前数日，一般有分娩预兆。流产后多伴发胎衣不下或子宫内膜炎。流产后阴道内继续排出褐色恶臭液体。公牛发生睾丸炎或附睾炎，并失去配种能力。母牛除流产外，其他症状不明显。有的病牛发生关节炎、滑液囊炎、淋巴结炎或脓肿。

【病　变】　胎盘呈淡黄色胶样浸润，表面覆有糠麸样絮状物和脓汁。胎儿胃内有黏液性絮状物，胸腔积液，淋巴结和脾脏肿大，有坏死灶。

【诊　断】　根据流行特点、临床症状和剖检病变，可以初诊，必须通过实验室检验才能确诊。布鲁氏菌病的实验室检查方法很多，可根据具体情况选用。对流产病例可进行细菌学检查，对产奶牛可做全乳环状反应，对其他牛和牛群检疫则常用凝集反应。

【预　防】　从未发生过布氏杆菌病的地区，严禁在疫区引进种牛和放牧，对在疫区购买的种牛必须先隔离观察30天以上，并用凝集反应等方法做2次检疫，确认健康后方可引进合群。发生布鲁氏菌病后，如牛群头数不多，以全群淘汰为好；如牛群很大，可通过检疫淘汰病牛，或者将病母牛严格隔离饲养，暂时利用患病母牛培育健康犊牛，其余牛坚持每年定期预防注射。接种过菌苗的牛，不再进行检疫。确诊感染本病的母牛流产胎儿、胎衣、羊水和阴道分泌物应深埋，被污染的场所及用具用3%~5%来苏儿溶液消毒。同时，要确实做好个人防护，如带好手套、口罩，工作服和用具要经常消毒等。对一般患病母牛应及时淘汰，无治疗价值。对价格较昂贵的种牛确保可在隔离环境下进行治疗。

十五、牛泰勒焦虫病

牛泰勒焦虫病又称牛环形泰勒焦虫病。是由泰勒科的环形泰勒焦虫引起牛的一种以高热、贫血、出血、消瘦和体表淋巴结肿胀为特征的寄生虫病。本病的流行有明显的季节性，常呈地方流行，2~3岁牛发病重且呈急性经过。由白纹璃眼蜱叮咬牛体而引起。

【虫体特征及生活史】 本病的病原为泰勒科的环形泰勒焦虫，寄生在牛的红细胞和淋巴结内。在红细胞内的虫体呈圆形、椭圆形、逗点形，有时呈杆状。寄生在淋巴细胞内的虫体进行裂体增殖形成多核虫体，即裂殖体和石榴体。

【症　状】 本病分为轻型和重型两种。

（1）轻型 体温一般不超过41℃，呈稽留热，体表淋巴结轻度肿胀，眼结膜充血，精神沉郁，食欲不振，常有便秘现象。症状表现不明显，3~5天即恢复正常。

（2）重型 体温高达40.6℃~41.8℃，多呈稽留热。初期病牛表现精神、食欲不佳，心跳、呼吸加快，2~5天后病情加重，反刍迟缓或停止，食欲消失，便秘，产奶量显著下降，体表淋巴结明显肿大。后期转为腹泻，粪中带有血丝，尿黄。可视黏膜潮红，后变苍白，红细胞数降至300万~200万个/升。病情严重时，黏膜上有深红色出血斑点，病牛迅速消瘦，弓腰缩腹，常卧地不起，最后因极度衰竭而死亡。

【诊　断】 根据本病的流行特点、临床症状及结合血液涂片镜检可做出正确的诊断。

【预　防】 ①加强饲养管理，定期消毒，并注意灭蜱。②在发病季节，用药物预防，每隔15天用三氮脒（贝尼尔）深部肌内注射，用量为每千克体重3毫克。

【治　疗】　对本病要做到早期发现、早期治疗。在杀虫的同时配合输血及对症治疗，可降低死亡率。治疗本病可用下列药物：①三氮脒（贝尼尔）每千克体重3.5~7毫克，配成5%注射液，分点深部肌内注射或皮下注射，每天1次，连用3天。如无明显好转，停药2天后再连用2天；对严重病例，可用每千克体重7毫克剂量注射。②焦虫散（STP）包括磺胺林（SMPZ），每千克体重50~200毫克；甲氧苄啶（TMP），每千克体重25~200毫克；磷酸伯胺喹啉（PMQ）0.75~1.5毫克，三者混合研碎，加水适量，口服，每天1次，连用2天。③磺胺苯甲酸钠每千克体重5~10毫克，配成10%注射液，肌内注射，每天1次，连用3~6天。

附　录

附录一　奶牛饲养标准

附表 1–1　成年母牛维持的营养需要

体重（千克）	日粮干物质（千克）	奶牛能量单位（NND）	产奶净能（兆卡）	产奶净能（兆焦）	可消化粗蛋白质（克）	小肠可消化粗蛋白质（克）	钙（克）	磷（克）	胡萝卜素（毫克）	维生素A（单位）
350	5.02	9.17	6.88	28.79	243	202	21	16	63	25000
400	5.55	10.13	7.60	31.80	268	224	24	18	75	30000
450	6.06	11.07	8.30	34.73	293	244	27	20	85	34000
500	6.56	11.97	8.98	37.57	317	264	30	22	95	38000
550	7.04	12.88	9.65	40.38	341	284	33	25	105	42000
600	7.52	13.73	10.30	43.10	364	303	36	27	115	46000
650	7.98	14.59	10.94	45.77	386	322	39	30	123	49000
700	8.44	15.43	11.57	48.41	408	340	42	32	133	53000
750	8.89	16.24	12.18	50.56	430	358	45	34	143	57000

注1：对第一个泌乳期的维持需要按上表基础增加20%，第二个泌乳期增加10%。

注2：如第一个泌乳期的年龄和体重过小，应按生长牛的需要计算实际增重的营养需要。

注3：放牧运动时，须在上表基础上增加能量需要量，按正文中的说明计算。

注4：在环境温度低的情况下，维持能量消耗增加，须在上表基础上增加需要量，按正文说明计算。

注5：泌乳期间，每增重1千克体重需增加8奶牛能量单位和325克可消化粗蛋白质；每减重1千克需扣除6.56奶牛能量单位和250克可消化粗蛋白质。

附表 1–2　每产 1 千克奶的营养需要

乳脂率（%）	日粮干物质（千克）	奶牛能量单位（NND）	产奶净能（兆卡）	产奶净能（兆焦）	可消化粗蛋白质（克）	小肠可消化粗蛋白质（克）	钙（克）	磷（克）	胡萝卜素（毫克）	维生素A（单位）
2.5	0.31~0.35	0.80	0.60	2.51	49	42	3.6	2.4	1.05	420
3.0	0.34~0.38	0.87	0.65	2.72	51	44	3.9	2.6	1.13	452
3.5	0.37~0.41	0.93	0.70	2.93	53	46	4.2	2.8	1.22	486
4.0	0.40~0.45	1.00	0.75	3.14	55	47	4.5	3..0	1.26	502
4.5	0.43~0.49	1.06	0.80	3.35	57	49	4.8	3.2	1.39	556
5.0	0.46~0.52	1.13	0.84	3.52	59	51	5.1	3.4	1.46	584
5.5	0.49~0.55	1.19	0.89	3.72	61	53	5.4	3.6	1.55	619

附表 1–3　母牛妊娠最后 4 个月的营养需要

体重（千克）	妊娠（月份）	日粮干物质（千克）	奶牛能量单位（NND）	产奶净能（兆卡）	产奶净能（兆焦）	可消化粗蛋白质（克）	小肠可消化粗蛋白质（克）	钙（克）	磷（克）	胡萝卜素（毫克）	维生素 A（单位）
350	6	5.78	10.51	7.88	32.97	293	245	27	18	67	27
	7	6.28	11.44	8.58	35.90	327	275	31	20		
	8	7.23	13.17	9.88	41.34	375	317	37	22		
	9	8.70	15.84	11.84	49.54	437	370	45	25		
400	6	6.30	11.47	8.60	35.99	318	267	30	20	76	30
	7	6.81	12.40	9.30	38.92	352	297	34	22		
	8	7.76	14.13	10.60	44.36	400	339	40	24		
	9	9.22	16.80	12.60	52.72	462	392	48	27		
450	6	6.81	12.40	9.30	38.92	343	287	33	22	86	34
	7	7.32	13.33	10.00	41.84	377	317	37	24		
	8	8.27	15.07	11.30	47.28	425	359	43	26		
	9	9.73	17.73	13.30	55.65	487	412	51	29		

续附表 1–3

体重（千克）	妊娠（月份）	日粮干物质（千克）	奶牛能量单位（NND）	产奶净能（兆卡）	产奶净能（兆焦）	可消化粗蛋白质（克）	小肠可消化粗蛋白质（克）	钙（克）	磷（克）	胡萝卜素（毫克）	维生素 A（单位）
500	6	7.31	13.32	9.99	41.80	367	307	36	25	95	38
	7	7.82	14.25	10.69	44.73	401	337	40	27		
	8	8.78	15.99	11.99	50.17	449	379	46	29		
	9	10.24	18.65	13.99	58.54	511	432	54	32		
550	6	7.80	14.20	10.65	44.56	391	327	39	27	105	42
	7	8.31	15.13	11.35	47.49	425	357	43	29		
	8	9.26	16.87	12.65	52.93	473	399	49	31		
	9	10.72	19.53	14.65	61.30	535	452	57	34		
600	6	8.27	15.07	11.30	47.28	414	346	42	29	114	46
	7	8.78	16.00	12.00	50.21	448	376	46	31		
	8	9.73	17.73	13.30	55.65	496	418	52	33		
	9	11.20	20.40	15.30	64.02	558	471	60	36		

续附表 1–3

体重（千克）	妊娠（月份）	日粮干物质（千克）	奶牛能量单位（NND）	产奶净能（兆卡）	产奶净能（兆焦）	可消化粗蛋白质（克）	小肠可消化粗蛋白质（克）	钙（克）	磷（克）	胡萝卜素（毫克）	维生素 A（单位）
650	6	8.74	15.92	11.94	49.96	436	365	45	31	124	50
	7	9.25	16.85	12.64	52.89	470	395	49	33		
	8	10.21	18.59	13.94	58.33	518	437	55	35		
	9	11.67	21.25	15.94	66.70	580	490	63	38		
700	6	9.22	16.76	12.57	52.60	458	383	48	34	133	53
	7	9.71	17.69	13.27	55.53	492	413	52	36		
	8	10.67	19.43	14.57	60.97	540	455	58	38		
	9	12.13	22.09	16.57	69.33	602	508	66	41		
750	6	9.65	17.57	13.13	55.15	480	401	51	36	143	57
	7	10.16	18.51	13.88	58.08	514	431	55	38		
	8	11.11	20.24	15.18	63.52	562	473	61	40		
	9	12.58	22.91	17.18	71.89	624	526	69	43		

注1：妊娠牛干奶期间按上表计算营养需要。

注2：妊娠期间如未干奶，除按上表计算营养需要外，还应加产奶的营养需要。

附表 1–4 生长母牛的营养需要

体重（千克）	日增重（克）	日粮干物质（千克）	奶牛能量单位（NND）	产奶净能（兆卡）	产奶净能（兆焦）	可消化粗蛋白质（克）	小肠可消化粗蛋白质（克）	钙（克）	磷（克）	胡萝卜素（毫克）	维生素A（单位）
40	0	—	2.20	1.65	6.90	41	—	2	2	4.0	1.6
	200	—	2.67	2.00	8.37	92	—	6	4	4.1	1.6
	300	—	2.93	2.20	9.21	117	—	8	5	4.2	1.7
	400	—	2.23	2.42	10.13	141	—	11	6	4.3	1.7
	500	—	3.52	2.64	11.05	164	—	12	7	4.4	1.8
	600	—	3.84	2.86	12.05	188	—	14	8	4.5	1.8
	700	—	4.19	3.14	13.14	210	—	16	10	4.6	1.8
	800	—	4.56	3.42	14.31	231	—	18	11	4.7	1.9
50	0	—	2.56	1.92	8.04	49	—	3	3	5.0	2.0
	300	—	3.32	2.49	10.42	124	—	9	5	5.3	2.1
	400	—	3.60	2.70	11.30	148	—	11	6	5.4	2.2
	500	—	3.92	2.94	12.31	172	—	13	8	5.5	2.2
	600	—	4.24	3.18	13.31	194	—	15	9	5.6	2.2
	700	—	4.60	3.45	14.44	216	—	17	10	5.7	2.3
	800	—	4.99	3.74	15.65	238	—	19	11	5.8	2.3

续附表 1–4

体重（千克）	日增重（克）	日粮干物质（千克）	奶牛能量单位（NND）	产奶净能（兆卡）	产奶净能（兆焦）	可消化粗蛋白质（克）	小肠可消化粗蛋白质（克）	钙（克）	磷（克）	胡萝卜素（毫克）	维生素A（单位）
60	0	—	2.89	2.17	9.08	56	—	4	3	6.0	2.4
	300	—	3.67	2.75	11.51	131	—	10	5	6.3	2.5
	400	—	3.96	2.97	12.43	154	—	12	6	6.4	2.6
	500	—	4.28	3.21	13.44	178	—	14	8	6.5	2.6
	600	—	4.63	3.47	14.52	199	—	16	9	6.6	2.6
	700	—	4.99	3.74	15.65	221	—	18	10	6.7	2.7
	800	—	5.37	4.03	16.87	243	—	20	11	6.8	2.7
70	0	1.22	3.21	2.41	10.09	63	—	4	4	7.0	2.8
	300	1.67	4.01	3.01	12.60	142	—	10	6	7.9	3.2
	400	1.85	4.32	3.24	13.56	168	—	12	7	8.1	3.2
	500	2.03	4.64	3.48	14.56	193	—	14	8	8.3	3.3
	600	2.21	4.99	3.74	15.65	215	—	16	10	8.4	3.4
	700	2.39	5.36	4.02	16.82	239	—	18	11	8.5	3.4
	800	3.61	5.76	4.32	18.08	262	—	20	12	8.6	3.4

续附表 1–4

体重（千克）	日增重（克）	日粮干物质（千克）	奶牛能量单位（NND）	产奶净能（兆卡）	产奶净能（兆焦）	可消化粗蛋白质（克）	小肠可消化粗蛋白质（克）	钙（克）	磷（克）	胡萝卜素（毫克）	维生素A（单位）
80	0	1.35	3.51	2.63	11.01	70	—	5	4	8.0	3.2
	300	1.80	1.80	3.24	13.56	149	—	11	6	9.0	3.6
	400	1.98	4.64	3.48	14.57	174	—	13	7	9.1	3.6
	500	2.16	4.96	3.72	15.57	198	—	15	8	9.2	3.7
	600	2.34	5.32	3.99	16.70	222	—	17	10	9.3	3.7
	700	2.57	5.71	4.28	17.91	245	—	19	11	9.4	3.8
	800	2.79	6.12	4.59	19.21	268	—	21	12	9.5	3.8
90	0	1.45	3.80	2.85	11.93	76	—	6	5	9.0	3.6
	300	1.84	4.64	3.48	14.57	154	—	12	7	9.5	3.8
	400	2.12	4.96	3.72	15.57	179	—	14	8	9.7	3.9
	500	2.30	5.29	3.97	16.62	203	—	16	9	9.9	4.0
	600	2.48	5.65	4.24	17.75	226	—	18	11	10.1	4.0
	700	2.70	6.06	4.54	19.00	249	—	20	12	10.3	4.1
	800	2.93	6.48	4.86	20.34	272	—	22	13	10.5	4.2

续附表 1–4

体重（千克）	日增重（克）	日粮干物质（千克）	奶牛能量单位（NND）	产奶净能（兆卡）	产奶净能（兆焦）	可消化粗蛋白质（克）	小肠可消化粗蛋白质（克）	钙（克）	磷（克）	胡萝卜素（毫克）	维生素A（单位）
100	0	1.62	4.08	3.06	12.81	82	—	6	5	10.0	4.0
	300	2.07	4.93	3.70	15.49	173	—	13	7	10.5	4.2
	400	2.25	5.27	3.95	16.53	202	—	14	8	10.7	4.3
	500	2.43	5.61	4.21	17.62	231	—	16	9	11.0	4.4
	600	2.66	5.99	4.49	18.79	258	—	18	11	11.2	4.4
	700	2.84	6.39	4.79	20.05	285	—	20	12	11.4	4.5
	800	3.11	6.81	5.11	21.39	311	—	22	13	11.6	4.6
125	0	1.89	4.73	3.55	14.86	97	82	8	6	12.5	5.0
	300	2.39	5.64	4.23	17.70	186	164	14	7	13.0	5.2
	400	2.57	5.96	4.47	18.71	215	190	16	8	13.2	5.3
	500	2.79	6.35	4.76	19.92	243	215	18	10	13.4	5.4
	600	3.02	6.75	5.06	21.18	268	239	20	11	13.6	5.4
	700	3.24	7.17	5.38	22.51	295	264	22	12	13.8	5.5
	800	3.51	7.63	5.72	23.94	322	288	24	13	14.0	5.6
	900	3.74	8.12	6.09	25.48	347	311	26	14	14.2	5.7
	1000	4.05	8.67	6.50	27.20	370	332	28	16	14.4	5.8

续附表 1–4

体重（千克）	日增重（克）	日粮干物质（千克）	奶牛能量单位（NND）	产奶净能（兆卡）	产奶净能（兆焦）	可消化粗蛋白质（克）	小肠可消化粗蛋白质（克）	钙（克）	磷（克）	胡萝卜素（毫克）	维生素A（单位）
150	0	2.21	5.35	4.01	16.78	111	94	9	8	15.0	6.0
	300	2.70	6.31	4.73	19.80	202	175	15	9	15.7	6.3
	400	2.88	6.67	5.00	20.92	226	200	17	10	16.0	6.4
	500	3.11	7.05	5.29	22.14	254	225	19	11	16.3	6.5
	600	3.33	7.47	5.60	23.44	279	248	21	12	16.6	6.6
	700	3.60	7.92	5.94	24.86	305	272	23	13	17.0	6.8
	800	3.83	8.40	6.30	26.36	331	296	25	14	17.3	6.9
	900	4.10	8.92	6.69	28.00	356	319	27	16	17.6	7.0
	1000	4.41	9.49	7.12	29.80	378	339	29	17	18.0	7.2
175	0	2.48	5.93	4.45	18.62	125	106	11	9	17.5	7.0
	300	3.02	7.05	5.29	22.14	210	184	17	10	18.2	7.3
	400	3.20	7.48	5.61	23.48	238	210	19	11	18.5	7.4
	500	3.42	7.95	5.96	24.94	266	235	22	12	18.8	7.5
	600	3.65	8.43	6.32	26.45	290	257	23	13	19.1	7.6
	700	3.92	8.96	6.72	28.12	316	281	25	14	19.4	7.8
	800	4.19	9.53	7.15	29.92	341	304	27	15	19.7	7.9
	900	4.50	10.15	7.61	31.85	365	326	29	16	20.0	8.0
	1000	4.82	10.81	8.11	33.94	387	346	31	17	20.3	8.1

续附表 1–4

体重（千克）	日增重（克）	日粮干物质（千克）	奶牛能量单位（NND）	产奶净能（兆卡）	产奶净能（兆焦）	可消化粗蛋白质（克）	小肠可消化粗蛋白质（克）	钙（克）	磷（克）	胡萝卜素（毫克）	维生素A（单位）
200	0	2.70	6.48	4.86	20.34	160	133	12	10	20.0	8.0
	300	3.29	7.65	5.74	24.02	244	210	18	11	21.0	8.4
	400	3.51	8.11	6.08	25.44	271	235	20	12	21.5	8.6
	500	3.74	8.59	6.44	26.95	297	259	22	13	22.0	8.8
	600	3.96	6.11	6.83	28.58	322	282	24	14	22.5	9.0
	700	4.23	9.67	7.25	30.34	347	305	26	15	23.0	9.2
	800	4.55	10.25	7.69	32.18	372	327	28	16	23.5	9.4
	900	4.86	10.91	8.18	34.23	396	349	30	17	24.0	9.6
	1000	5.18	11.60	8.70	36.41	417	368	32	18	24.5	9.8
250	0	3.20	7.53	5.65	23.64	189	157	15	13	25.0	10.0
	300	3.83	8.83	6.62	27.70	270	231	21	14	26.5	10.6
	400	4.05	9.31	6.98	29.21	296	255	23	15	27.0	10.8
	500	4.32	9.83	7.37	30.84	323	279	25	16	27.5	11.0
	600	4.59	10.40	7.80	32.64	345	300	27	17	28.0	11.2
	700	4.86	11.01	8.26	34.56	370	323	29	18	28.5	11.4
	800	5.18	11.65	8.74	36.57	394	345	31	19	29.0	11.6
	900	5.54	12.37	9.28	38.83	417	365	33	20	29.5	11.8
	1000	5.90	13.13	9.83	41.13	437	385	35	21	30.0	12.0

续附表 1–4

体重（千克）	日增重（克）	日粮干物质（千克）	奶牛能量单位（NND）	产奶净能（兆卡）	产奶净能（兆焦）	可消化粗蛋白质（克）	小肠可消化粗蛋白质（克）	钙（克）	磷（克）	胡萝卜素（毫克）	维生素A（单位）
300	0	3.69	8.51	6.38	26.70	216	180	18	15	30.0	12.0
	300	4.37	10.08	7.56	31.64	295	253	24	16	31.5	12.6
	400	4.59	10.68	8.01	33.52	321	276	26	17	32.0	12.8
	500	4.91	11.31	8.48	35.49	346	299	28	18	32.5	13.0
	600	5.18	11.99	8.99	37.62	368	320	30	19	33.0	13.2
	700	5.49	12.72	9.54	39.92	392	342	32	20	33.5	13.4
	800	5.85	13.51	10.13	42.39	415	362	34	21	34.0	13.6
	900	6.21	14.36	10.77	45.07	438	383	36	22	34.5	13.8
	1000	6.62	15.29	11.47	48.00	458	402	38	23	35.0	14.0
350	0	4.14	9.43	7.07	29.59	243	202	21	18	35.0	14.0
	300	4.86	11.11	8.33	34.86	321	273	27	19	36.8	14.7
	400	5.13	11.76	8.82	36.91	345	296	29	20	37.4	15.0
	500	5.45	12.44	9.33	39.04	369	318	31	21	38.0	15.2
	600	5.76	13.17	9.88	41.34	392	338	33	22	38.6	15.4
	700	6.08	13.96	10.47	43.81	415	360	35	23	39.2	15.7
	800	6.39	14.83	11.12	46.53	442	381	37	24	39.8	15.9
	900	6.84	15.75	11.81	49.42	460	401	39	25	40.4	16.1
	1000	7.29	16.75	12.56	52.56	480	419	41	26	41.0	16.4

续附表 1–4

体重（千克）	日增重（克）	日粮干物质（千克）	奶牛能量单位（NND）	产奶净能（兆卡）	产奶净能（兆焦）	可消化粗蛋白质（克）	小肠可消化粗蛋白质（克）	钙（克）	磷（克）	胡萝卜素（毫克）	维生素A（单位）
400	0	4.55	10.32	7.74	32.39	268	224	24	20	40.0	16.0
	300	5.36	12.28	9.21	38.54	344	294	30	21	42.0	16.8
	400	5.63	13.03	9.77	40.88	368	316	32	22	43.0	17.2
	500	5.94	13.81	10.36	43.35	393	338	34	23	44.0	17.6
	600	6.35	14.65	10.99	45.99	415	359	36	24	45.0	18.0
	700	6.66	15.57	11.68	48.87	438	380	38	25	46.0	18.4
	800	7.07	16.56	12.42	51.97	460	400	40	26	47.0	18.8
	900	7.47	17.64	13.24	55.40	482	420	42	27	48.0	19.2
	1000	7.97	18.80	14.10	59.00	501	437	44	28	49.0	19.6
450	0	5.00	11.16	8.37	35.03	293	244	27	23	45.0	18.0
	300	5.80	13.25	9.94	41.59	368	313	33	24	48.0	19.2
	400	6.10	14.04	10.53	44.06	393	335	35	25	49.0	19.6
	500	6.50	14.88	11.16	46.70	417	355	37	26	50.0	20.0
	600	6.80	15.80	11.85	49.59	439	377	39	27	51.0	20.4
	700	7.20	16.79	12.58	52.64	461	398	41	28	52.0	20.8
	800	7.70	17.84	13.38	55.99	484	419	43	29	53.0	21.2
	900	8.10	48.99	14.24	59.59	505	439	45	30	54.0	21.6
	1000	8.60	20.23	15.17	63.48	524	456	47	31	55.0	22.0

续附表 1–4

体重（千克）	日增重（克）	日粮干物质（千克）	奶牛能量单位（NND）	产奶净能（兆卡）	产奶净能（兆焦）	可消化粗蛋白质（克）	小肠可消化粗蛋白质（克）	钙（克）	磷（克）	胡萝卜素（毫克）	维生素A（单位）
500	0	5.40	11.97	8.98	37.58	317	264	30	25	50.0	20.0
	300	6.30	14.37	10.78	45.11	392	333	36	26	53.0	21.2
	400	6.60	15.27	11.45	47.91	417	355	38	27	54.0	21.6
	500	7.00	16.24	12.18	50.97	441	377	40	28	55.0	22.0
	600	7.30	17.27	12.95	54.19	463	397	42	29	56.0	22.4
	700	7.80	18.39	13.79	57.70	485	418	44	30	57.0	22.8
	800	8.20	19.61	14.71	61.55	507	438	46	31	58.0	23.2
	900	8.70	20.91	15.68	65.61	529	458	48	32	59.0	23.6
	1000	9.30	22.33	16.75	70.09	548	476	50	33	60.0	24.0
550	0	5.80	12.77	9.58	40.09	341	284	33	28	55.0	22.0
	300	6.80	15.31	11.48	48.04	417	354	39	29	58.0	23.0
	400	7.10	16.27	12.20	51.05	441	376	30	30	59.0	23.6
	500	7.50	17.29	12.97	54.27	465	397	31	31	60.0	24.0
	600	7.90	18.40	13.80	57.74	487	418	45	32	61.0	24.4
	700	8.30	19.57	14.68	61.43	510	439	47	33	62.0	24.8
	800	8.80	20.85	15.64	65.44	533	460	49	34	63.0	25.2
	900	9.30	22.25	16.69	69.84	554	480	51	35	64.0	25.6
	1000	9.90	23.76	17.82	74.56	573	496	53	36	65.0	26.0

续附表 1–4

体重（千克）	日增重（克）	日粮干物质（千克）	奶牛能量单位（NND）	产奶净能（兆卡）	产奶净能（兆焦）	可消化粗蛋白质（克）	小肠可消化粗蛋白质（克）	钙（克）	磷（克）	胡萝卜素（毫克）	维生素A（单位）
	0	6.20	13.53	10.15	42.47	364	303	36	30	60.0	24.0
	300	7.20	16.39	12.29	15.43	441	374	42	31	66.0	26.4
	400	7.60	17.48	13.11	54.86	465	396	44	32	67.0	26.8
	500	8.00	18.64	13.98	58.50	489	418	46	33	68.0	27.2
600	600	8.40	19.88	14.91	62.39	512	439	48	34	69.0	27.6
	700	8.90	21.23	15.92	66.61	535	459	50	35	70.0	28.0
	800	9.40	22.67	17.00	71.13	557	480	52	36	71.0	28.4
	900	9.90	24.24	18.18	76.07	580	501	54	37	72.0	28.8
	1000	10.50	25.93	19.45	81.38	599	518	56	38	73.0	29.2

附录二　奶牛标准化示范场验收评分标准

附表 2-1　奶牛标准化示范场验收评分标准

申请验收单位：　　　　　　　　　验收时间：　　年　　月　　日

必备条件（任一项不符合不得验收）	1.场址不得位于《中华人民共和国畜牧法》明令禁止区域，并符合相关法律、法规及区域内土地使用规划	可以验收□ 不予验收□
	2.具备县级以上畜牧兽医部门颁发的《动物防疫条件合格证》，2年内无重大疫病和产品质量安全事件发生	
	3.具有县级以上畜牧兽医行政主管部门备案登记证明；按照农业部《畜禽标识和养殖档案管理办法》要求，建立养殖档案	
	4.存栏300头以上的奶牛规模场；完成股份制改造、奶牛统一饲养，存栏800头以上的奶牛小区。生鲜乳生产、收购、贮存、运输和销售符合《乳品质量安全监督管理条例》《生鲜乳生产收购管理办法》的有关规定。执行《奶牛场卫生规范》（GB 16568—2006）。设有生鲜乳收购站的，有《生鲜乳收购许可证》，生鲜乳运输车有《生鲜乳准运证明》	

验收项目	考核内容	考核具体内容及评分标准	满分	得分	扣分原因
一、选址与建设（21分）	（一）选址（4分）	距离生活饮用水源地、居民区和主要交通干线、其他畜禽养殖场及畜禽屠宰加工、交易场所500米以上，得1分	1		
		地势高燥，得1分；通风良好，得1分	2		
		场址远离噪声，得1分	1		
	（二）基础设施（6分）	提供水质检测报告，并且符合《生活饮用水卫生标准》的规定，得1分；水源稳定，得1分	2		
		电力供应充足有保障（备有发电机组），得1分	1		
		交通便利，有硬化路面直通到场，得1分	1		
		具备全混合日粮（TMR）饲喂设备，并能够在日常饲养管理中有效实施，得1分；具备TMR混合均匀度与含水量测定仪器和日常记录，得1分	2		
	（三）场区布局（6分）	在场区入口处设有人员消毒室、车辆消毒池等防疫设施，并能够有效实施，得1分	1		
		场区有防疫隔离带，得1分；场区内生活管理区、生产区、辅助生产区、病牛隔离区、粪污处理区明确划分，得2分；部分分开，得1分	3		
		犊牛舍、育成（青年）牛舍、泌乳牛舍、干奶牛舍、隔离牛舍布局合理，得2分	2		
	（四）场区卫生（5分）	场区环境整洁，得1分；场区内设有净道和污道，得1分；净道和污道严格分开，得2分，没有严格分开的，扣1分；场区内空闲地面进行了硬化或者绿化，得1分	5		

续附表 2-1

验收项目	考核内容	考核具体内容及评分标准	满分	得分	扣分原因
二、设施与设备（18分）	（一）牛舍（8分）	牛舍有固定、有效的降温（夏）防寒（冬）设施，得2分	2		
		1月龄内犊牛采用单栏饲养，得1分；1月龄后不同阶段采用分群饲养管理，得1分	2		
		采用自由散栏式饲养的牛舍建筑面积（成年母牛）10米^2/头以上，每头牛1个栏位，得1分；而且垫料干净、平整、干燥，得1分	2		
		运动场面积（成年母牛）每头不低于25米^2（自由散栏牛舍除外），得1分；有遮阳棚、饮水槽，得1分	2		
	（二）功能区（5分）	生活管理区与生产区严格分开，位于生产区的上风向；隔离区位于生产区的下风向，与生产区保持50米以上的卫生间距，得1分	1		
		饲草区、饲料区和青贮区设置在相邻的位置，便于TMR搅拌车工作，得1分	1		
		草料库、青贮窖和饲料加工车间有防火设施，得2分	2		
		粪污处理区和病牛隔离区与生产区在空间上隔离，单独通道，得1分	1		
	（三）挤奶厅（5分）	有与奶牛存栏量相配套的挤奶机械，得1分	1		
		挤奶厅有机房、牛奶制冷间、热水供应系统和办公室，得1分	1		
		挤奶厅有待挤区，能容纳1次挤奶头数2倍的奶牛，得1分	1		
		储奶厅有贮奶罐和冷却设备，挤奶2小时内冷却到4℃以下，且不能低于冰点，得1分	1		
		输奶管存放良好无存水、收奶区排水良好，地面硬化处理，墙壁防水处理，便于冲刷，得1分，不足之处，酌情扣分。	1		

续附表 2-1

验收项目	考核内容	考核具体内容及评分标准	满分	得分	扣分原因
三、管理制度与记录（39分）	（一）饲养与繁殖技术（14分）	参加生产性能测定，得3分；有连续生产性能测定记录，得1分；记录规范、并做技术分析，得1分	5		
		系谱记录规范，有电子档案或纸质档案，按照国家统一编号规则编号，得1分；有年度繁殖计划、技术指标、实施记录与技术统计，得1分，缺项不得分	2		
		有完整的饲料原料采购计划和饲料供应计划，得1分；使用优质苜蓿，得2分；有日粮组成、配方记录，得1分	4		
		有常用饲料常规性营养成分分析检测记录，得1分；无使用国家禁止的饲料、添加剂和兽药记录，得1分	2		
		有根据奶牛不同生长和泌乳阶段制定的饲养规范和实施记录，得1分，缺项不得分	1		
	（二）疫病控制（12分）	有奶牛结核病、布鲁氏菌病的检疫记录和处理记录，得2分	2		
		有口蹄疫等国家规定疫病的免疫接种计划和实施记录，得2分，缺项不得分	2		
		有定期修蹄和肢蹄保健设施，并有相关记录，得1分	1		
		有传染病发生应急预案，有隔离和控制措施，责任人明确，得1分	1		
		有预防、治疗奶牛常见疾病规程，得1分	1		
		有兽药使用记录，包括使用对象、使用时间和用量记录，记录完整，得2分，不完整适当扣分	2		

续附表 2–1

验收项目	考核内容	考核具体内容及评分标准	满分	得分	扣分原因
三、管理制度与记录（39分）	（二）疫病控制（12分）	抗生素使用符合《奶牛场卫生规范》的要求，有奶牛使用抗生素隔离及解除制度和记录，得2分，记录不完整适当扣分	2		
		有乳房炎处理计划，包括治疗与干奶处理方案，得1分	1		
	（三）挤奶管理（10分）	有挤奶卫生操作制度，并张贴上墙，得1分	1		
		挤奶工工作服干净，挤奶过程挤奶工手和胳膊保持干净，得1分，不完整适当扣分	1		
		完全使用机器挤奶，输奶管道化，得1分	1		
		挤奶前后2次药浴，1头牛用1块毛巾（或1张纸巾）擦干乳房与乳头，得2分，不完整适当扣分	2		
		将前3把奶挤到带有网状栅栏的容器中，观察牛奶的颜色和形状，得1分	1		
		有将生产非正常生鲜乳（包括初乳、含抗生素乳等）奶牛安排到最后挤奶的记录与牛奶处理记录，得1分	1		
		输奶管、计量罐、奶杯和其他管状物清洁并正常维护，有挤奶器内衬等橡胶件的更新记录，得1分；大奶罐保持经常性关闭，得1分	2		
		按检修规程检修挤奶机，有检修记录，得1分	1		
	（四）从业人员管理（3分）	从业人员每年进行身体检查，有身体健康证明，得2分	2		
		有1名以上经过畜牧兽医专业知识培训的技术人员，持证上岗，得1分	1		

续附表 2-1

验收项目	考核内容	考核具体内容及评分标准	满分	得分	扣分原因
四、环保要求（12分）	（一）粪污处理（10分）	有固定的牛粪贮存、堆放场所和设施，贮存场所有防雨、防止粪液渗漏、溢流措施，满分为2分，不足之处适当扣分；采用农牧结合粪污腐熟还田，满分为2分，有不足之处适当扣分；有固液分离、有机肥或沼气设施进行粪污处理，得3分	7		
		有污水处理设施，得1分，污水处理设施运转正常，得1分，建贮液池，得1分；粪污未经处理直接排放，不得分	3		
	（二）病死牛无害化处理（2分）	病死牛均采取深埋或焚烧等方式进行无害化处理，得1分	1		
		有病死牛无害化处理记录，得1分	1		
五、生产水平和质量安全（10分）	（一）生产水平（4分）	泌乳牛年均单产大于6000千克，得2分；大于7000千克，得3分；大于8000千克，得4分，此记录以DHI测定记录为依据	4		
	（二）生乳质量安全（6分）	乳蛋白率大于2.95%，乳脂率大于3.4%，得1分；乳蛋白率大于3.05%，乳脂率大于3.60%，得2分	2		
		体细胞数小于75万个/毫升，得1分；小于50万个/毫升，得2分	2		
		菌落总数小于50万个/毫升，得1分；小于20万个/毫升，得2分	2		
总　分			100		

验收专家签字：

附录三　食品动物禁用的兽药及其他化合物清单

附表 3-1　食品动物禁用的兽药及其他化合物清单

序号	兽药及其他化合物名称	禁止用途	禁用动物
1	β-兴奋剂类：克仑特罗Clenbuterol、沙丁胺醇Salbutamol、西马特罗Cimaterol及其盐、酯及制剂	所有用途	所有食品动物
2	性激素类：己烯雌酚Diethybtilbestrol及其盐、酯及制剂	所有用途	所有食品动物
3	具有雌激素样作用的物质：玉米赤霉醇Zeranol、去甲雄三烯醇酮Trenbolone、醋酸甲孕酮Mengestrol Acetate及制剂	所有用途	所有食品动物
4	氯霉素Chloramphenicol及其盐、酯（包括：琥珀氯霉素Chloramphenicol Succinate）及制剂	所有用途	所有食品动物
5	氨苯砜Dapsone及制剂	所有用途	所有食品动物
6	硝基呋喃类：呋喃唑酮Furazolidone、呋喃它酮 Furaltadone、呋喃苯烯酸钠Nifurstyrenate sodium及制剂	所有用途	所有食品动物
7	硝基化合物：硝基酚钠Sodium nitrophenolate、硝呋烯腙 Nitrovin及制剂	所有用途	所有食品动物
8	催眠、镇静类：安眠酮Methaqualone及制剂	所有用途	所有食品动物

续附表 3-1

序号	兽药及其他化合物名称	禁止用途	禁用动物
9	林丹（丙体六六六）Lindane	杀虫剂	所有食品动物
10	毒杀芬（氯化烯）Camahechlor	杀虫剂、清塘剂	所有食品动物
11	呋喃丹（克百威）Carbofuran	杀虫剂	所有食品动物
12	杀虫脒（克死螨）Chlordimeform	杀虫剂	所有食品动物
13	双甲脒Amitraz	杀虫剂	水生食品动物
14	酒石酸锑钾Antimony potassium tartrate	杀虫剂	所有食品动物
15	锥虫胂胺Tryparsamide	杀虫剂	所有食品动物
16	孔雀石绿Malachite green	抗菌、杀虫剂	所有食品动物
17	五氯酚酸钠Pentachlorophenol sodium	杀螺剂	所有食品动物
18	各种汞制剂包括：氯化亚汞（甘汞）Calomel、硝酸亚汞Mercurous nitrate、醋酸汞Mercurous acetate、吡啶基醋酸汞Pyridyl mercurous acetate	杀虫剂	所有食品动物
19	性激素类：甲基睾丸酮Methyltestosterone、丙酸睾酮 Testosterone Propionate、苯丙酸诺龙Nandrolone Phenylpropionate、苯甲酸雌二醇Estradiol Benzoate及其盐、酯及制剂	促生长	所有食品动物
20	催眠、镇静类：氯丙嗪Chlorpromazine、地西泮（安定）Diazepam及其盐、酯及制剂	促生长	所有食品动物
21	硝基咪唑类：甲硝唑Metronidazole、地美硝唑Dimetronidazole及其盐、酯及制剂	促生长	所有食品动物

参考文献

[1] 杨泽霖，白金山. 奶牛模式化饲养管理与疾病防治实用技术 [M]. 北京：中国农业出版社，2007.

[2] 杨泽霖. 肉牛育肥与疾病防治 [M]. 北京：金盾出版社，2009.

[3] 张忠诚. 家畜繁殖学 [M]. 北京：中国农业出版社，2006.

[4] 米歇尔·瓦提欧著；施福顺，石燕译. 繁殖与遗传选择 [M]. 北京：中国农业大学出版社，2004.

[5] 泰勒·恩斯明格著；张沅译. 奶牛科学（第四版）[M]. 北京：中国农业大学出版社，2007.

[6] 王会珍. 高效养奶牛 [M]. 北京：机械工业出版社，2016.

[7] 王泽奇，徐华. 农区奶牛养殖技术 [M]. 北京：中国农业科学技术出版社，2014.

[8] 张学炜，李德林. 规模化奶牛场生产与经营管理手册 [M]. 北京：中国农业出版社，2014.

[9] 王之盛，刘长松. 奶牛标准化规模养殖图册 [M]. 北京：中国农业出版社，2013.

[10] 全国畜牧总站. 奶牛标准化养殖技术图册 [M]. 北京：中国农业科学技术出版社，2011.

[11] 吴国娟，蒋林树，等. 无公害奶牛养殖技术与疾病防治 [M]. 北京：中国农业科学技术出版社，2002.

[12] 王俊东，刘岐. 无公害奶牛安全生产手册 [M]. 北京：中国农业出版社，2008.

[13] 周贵，房兆民，等. 乳用犊牛的饲养管理 [J]. 吉林畜牧兽医，2010，1.

[14] 周贵，李文波. 妊娠和围产期奶牛的饲养管理 [J]. 吉林畜牧兽医，2008，8.

[15] 王洪斌. 家畜外科学（第四版）[M]. 北京：中国农业出版社，2002.

[16] 余四九. 兽医产科学（精简版）[M]. 北京：中国农业出版社，2013.

[17] 范作良. 动物内科病 [M]. 北京：中国农业出版社，2008.

[18] 卞有生，金冬霞. 规模化畜禽养殖场污染防治技术研究 [J]. 中国工程科学，2004，3：53–56.

[19] 金冬霞，王凯军. 规模化畜禽养殖场污染防治综合对策 [J]. 环境保护，2002（12）：18–20.

[20] 金双勇，张丽君，祁茂彬. 浅谈奶牛场（小区）废弃物对环境的影响及处理与利用 [J]. 现代畜牧兽医，2007，9：28–29.

[21] 廖新弟. 人工湿地对猪场废水有机物处理效果的研究 [J]. 应用生态学报，2002（1）：113–117.

[22] 刘炼. 我国农村畜禽养殖污染现状分析及污染防治法律问题研究 [J]. 科技展望，2016，6：276.

[23] 刘延鑫，刘太宇，邓红雨. 规模化牛场环境污染的综合防治 [J].中国奶牛，2006.

[24] 陆建华，陈夕双. 标准化奶牛场废弃物处理与综合应用 [C]. 首届中国奶业大会论文集，青岛. 2010.

[25] 寿亦中，蔡昌达，林伟华. 杭州灯塔养殖总场沼气与废水处理工程的技术特点 [J]. 农业环境保护，2002（1）：29–32.

[26] 王锋. 高产奶牛绿色养殖新技术 [M]. 北京：中国农业出版社，2003.

[27] 王颖，贾永全. 垦区规模化奶牛场废弃物处理与利用问

题及对策［J］. 中国牛业科学，2007，9：80-82.

［28］王加启. 现代奶牛养殖科学［M］. 北京：中国农业出版社. 2006.

［29］王凯军. 畜禽养殖污染防治技术与政策［M］. 北京：化学工业出版社. 2004.

［30］韦人，许凤侠，杨莉萍，等. 规模奶牛场医疗垃圾及病死牛处置探析［J］. 中国乳业，2012，3：20-21.

［31］张从. 大中型猪场沼气工程的环境影响评价［J］. 农业环境保护，2002（1）：33-36.

［32］张克强，高怀友. 畜禽养殖业污染物处理与处置［M］. 北京：化学工业出版社. 2004.

［33］张佩华，贺建华，王加启. 我国奶业发展与环境保护［J］. 中国奶牛，2006，6：53-56.

三农编辑部新书推荐

书　名	定　价	书　名	定　价
西葫芦实用栽培技术	16.00	怎样当好猪场兽医	26.00
萝卜实用栽培技术	16.00	肉羊养殖创业致富指导	29.00
杏实用栽培技术	15.00	肉鸽养殖致富指导	22.00
葡萄实用栽培技术	19.00	果园林地生态养鹅关键技术	22.00
梨实用栽培技术	21.00	鸡鸭鹅病中西医防治实用技术	24.00
特种昆虫养殖实用技术	29.00	毛皮动物疾病防治实用技术	20.00
水蛭养殖实用技术	15.00	天麻实用栽培技术	15.00
特禽养殖实用技术	36.00	甘草实用栽培技术	14.00
牛蛙养殖实用技术	15.00	金银花实用栽培技术	14.00
泥鳅养殖实用技术	19.00	黄芪实用栽培技术	14.00
设施蔬菜高效栽培与安全施肥	32.00	番茄栽培新技术	16.00
设施果树高效栽培与安全施肥	29.00	甜瓜栽培新技术	14.00
特色经济作物栽培与加工	26.00	魔芋栽培与加工利用	22.00
砂糖橘实用栽培技术	28.00	香菇优质生产技术	20.00
黄瓜实用栽培技术	15.00	茄子栽培新技术	18.00
西瓜实用栽培技术	18.00	蔬菜栽培关键技术与经验	32.00
怎样当好猪场场长	26.00	枣高产栽培新技术	15.00
林下养蜂技术	25.00	枸杞优质丰产栽培	14.00
獭兔科学养殖技术	22.00	草菇优质生产技术	16.00
怎样当好猪场饲养员	18.00	山楂优质栽培技术	20.00
毛兔科学养殖技术	24.00	板栗高产栽培技术	22.00
肉兔科学养殖技术	26.00	提高肉鸡养殖效益关键技术	22.00
羔羊育肥技术	16.00	猕猴桃实用栽培技术	24.00
提高母猪繁殖率实用技术	21.00	食用菌菌种生产技术	32.00
种草养肉牛实用技术问答	26.00		

三农编辑部新书推荐

书　名	定　价
肉牛标准化养殖技术	26.00
肉兔标准化养殖技术	20.00
奶牛增效养殖十大关键技术	27.00
猪场防疫消毒无害化处理技术	22.00
鹌鹑养殖致富指导	22.00
奶牛饲养管理与疾病防治	24.00
百变土豆　舌尖享受	32.00
中蜂养殖实用技术	22.00
人工养蛇实用技术	18.00
人工养蝎实用技术	22.00
黄鳝养殖实用技术	22.00
小龙虾养殖实用技术	20.00
林蛙养殖实用技术	18.00
桃优质高产栽培关键技术	25.00
李高产栽培技术	18.00
甜樱桃高产栽培技术问答	23.00
柿丰产栽培新技术	16.00
石榴丰产栽培新技术	14.00
连翘实用栽培技术	14.00
食用菌病虫害安全防治	19.00
辣椒优质栽培新技术	14.00
稀特蔬菜优质栽培新技术	25.00
芽苗菜优质生产技术问答	22.00
核桃优质丰产栽培	25.00
大白菜优质栽培新技术	13.00
生菜优质栽培新技术	14.00
平菇优质生产技术	20.00
脐橙优质丰产栽培	30.00